DEUTSCHE AKADEMIE DER WISSENSCHAFTEN ZU BERLIN

Veröffentlichungen des Institutes
für Bodendynamik und Erdbebenforschung in Jena

Herausgegeben vom Direktor Prof. Dr. H. Martin

Heft 70

Seismische Registrierungen

in Jena

1. Januar 1959 bis 31. Dezember 1959

Von

Friedrich Gerecke

AKADEMIE-VERLAG · BERLIN

1962

Erschienen im Akademie-Verlag GmbH, Berlin W 8, Leipziger Str. 3—4

Lizenznummer: 100/585/62
Gesamtherstellung: VEB Druckerei „Thomas Müntzer" Bad Langensalza
Bestellnummer: 2004/70 · ES 18 E 2 · Preis: DM 14,50

VORWORT

Mit dem vorliegenden Heft 70 wird die Reihe der Veröffentlichungen des Institutes für Bodendynamik und Erdbebenforschung in Jena fortgesetzt.

Das Heft enthält die Auswertungen der seismischen Registrierungen in Jena für das Jahr der Internationalen Geophysikalischen Zusammenarbeit 1959.

Die Bearbeitung der Seismogramme wurde wieder durch den wissenschaftlichen Mitarbeiter Dr. Friedrich Gerecke vorgenommen.

i. V.
W. Sponheuer

INHALTSVERZEICHNIS

Vorbemerkungen
zur Auswertung der Seismogramme

Für die vorliegende Bearbeitung wurde die international eingeführte Symbolik verwendet. Es bedeutet:

P, Pn = Normaler longitudinaler, direkter Vorläufer,
Pg = Individueller, longitudinaler Vorläufer nach Mohorovičic,
PKP, SKS = Direkte Kernwelle in großen Herdentfernungen,
PP, PPP = An der Oberfläche reflektierte Wellen mit gleichbleibendem Charakter,
pP und sP = In der Herdnähe an der Erdoberfläche reflektierte Wellen,
S, Sn, Sg = Transversale Vorläufer, wie oben,
SS, SSS = Reflektierte Transversalwellen mit gleichbleibendem Charakter,
PcP, PcS, ScS = Am Kern reflektierte Wellen mit gleichbleibendem oder wechselndem Charakter,
PS oder SP = Wechselwellen,
L = Beginn der Hauptphase,
G = Perioden größer als 40 s.,
M_n = Maxima innerhalb der Hauptphase,
C = Periode der Nachläuferwellen,
F = Ende der Bebenregistrierung,
i = Scharfer Einsatz (impetus),
e = Auftauchen der Bewegung (emersio),
T = Periode der Bodenbewegung,
A = Amplitude in Mikron (1 μm = 1/1000 mm), von der Nullinie aus gerechnet,
$\triangle$ = Epizentralentfernung,
h = Herdtiefe
Zeit = Mittlere Greenwich-Zeit, von Mitternacht zu Mitternacht gezählt,
USCGS = US Coast and Geodetic Survey, Washington,
BCIS = Bureau Central International de Séismologie.

Runde Klammern zeigen Unsicherheit in der Deutung der Phasen, Zeitangaben und Entfernung an.

Die Amplitude der wahren Bodenbewegung wurde nach den Aufzeichnungen des Wiechert 1200 kg-Pendels und des 1300 kg-Vertikalpendels berechnet.

Fr. Gerecke

Jena

Institut für Bodendynamik und Erdbebenforschung

Meereshöhe: 192,6 m — Länge: $\lambda = 11°35'00''$ ö. v. G.

Untergrund: Fester Ton des obersten Röt — Breite: $\varphi = 50°56'07''$ N.

Instrumente und Konstanten 1959

I. Instrumente mit mechanischer Registrierung

Zeit	Apparat	Komponente	T_0	V	r/T_0^2	$\varepsilon:1$	Registriergeschwindigkeit
1. Vierteljahr	Wiechert 1200 kg	NS EW	8.8 9.2	200 180	0.020 0.020	3.8 4.4	15 mm/min.
	1300 kg-Vertikalapp.	Z	2.5	260	0.035	2.8	15 mm/min.
	15000 kg Pendel	NS EW	2.1 2.1	2000 2000	— —	6.4 4.8	60 mm/min.
	200 kg-Kegelpendel	NS EW	26.5 25.3	32 24	0.0037 0.0021	3.6 4.3	7.5 mm/min.
2. Vierteljahr	Wiechert 1200 kg	NS EW	8.2 9.2	210 180	0.020 0.022	3.8 3.8	15 mm/min.
	1300 kg-Vertikalapp.	Z	2.6	250	0.034	2.4	15 mm/min.
	15000 kg-Pendel	NS EW	2.1 2.1	2000 2000	— —	6.2 4.8	60 mm/min.
	200 kg-Kegelpendel	NS EW	26.3 25.1	30 24	0.0036 0.0018	3.2 4.8	7.5 mm/min.
3. Vierteljahr	Wiechert 1200 kg	NS EW	8.6 8.8	220 200	0.019 0.020	4.4 3.6	15 mm/min.
	1300 kg-Vertikalapp.	Z	2.5	260	0.031	2.5	15 mm/min.
	15000 kg-Pendel	NS EW	2.0 2.1	2000 2000	— —	6.4 4.3	60 mm/min.
	200 kg-Kegelpendel	NS EW	25.8 27.3	31 24	0.0036 0.0017	3.9 4.7	7.5 mm/min.
4. Vierteljahr	Wiechert 1200 kg	NS EW	8.2 8.4	210 220	0.019 0.017	4.0 4.0	15 mm/min.
	1300 kg Vertikalapp.	Z	2.5	260	0.036	2.5	15 mm/min.
	15000 kg-Pendel	NS EW	2.1 2.1	2000 2000	— —	6.2 4.3	60 mm/min.
	200 kg-Kegelpendel	NS EW	26.4 28.2	31 24	0.0038 0.0018	4.3 4.4	7.5 mm/min.

II. Instrumente mit optischer Registrierung

Apparat	Komponente	T_0	$\varepsilon:1$	V
1. Krumbach	EW	2.5s	4.5	1800
2. Krumbach	Z	$T_S = 2.4s$ $T_G = 2.4s$	$\alpha_S = 0.82$ $\alpha_G = 1.16$	$V_{max} = 2000$

Allgemeine Seismische Registrierungen 1959

Datum	Komp.	Phase	MGZ			Periode	Amplitude μm			Δ	Bemerkungen
			h	m	s	Ts	A_N	A_E	A_Z	km	
<u>Januar</u>											
1. Jan.	Z	eP	02	13	21					(3500)	Herdgebiet
I	Z	e		13	27						nach BCIS:
	ZE	e		13	40						Nordküste
	Z	e		13	51						von Grön-
	Z	e(PPP)		14	31						land
	Z	e		15	20						
		F	02	17							
1. Jan.	ZE	e(Sn)	02	40	(03)					(620)	Herdgebiet
II	ZE	e		40	28						nach BCIS:
	ZE	eSg		40	39						Jugoslawien
		F	02	44							
1. Jan.	ZE	ePKP	08	09	21					(16200)	Herdgebiet
III	ZE	e		09	28						nach USCGS:
	Z	e		09	51						Fidschi-
	E	e		10	09						Inseln
	E	e		10	52						
	Z	e		11	21						
	Z	e(PP)		12	42						
		F	08	14							
2. Jan.	ZNE	ePn	05	22	13					1200	Herdgebiet
	ZE	e		22	20						nach BCIS:
	NE	e		22	28						Kap Fini-
	E	e		22	47						stère,
	E	e(Pg)		23	18						Bretagne,
	E	e		23	51						Frankreich
	E	e		24	08						
	N	e		24	15						
	E	e(Sn)		24	21						
	NE	e		24	34						
	E	e		24	43						
	ZN	e		24	48						
	ZNE	e		25	04						
	ZNE	eSg		25	16						
	ZNE	eiSg		25	25						
		M		25	45	2	4	5.5			
		F	05	32							

Datum	Komp.	Phase	MGZ			Periode	Amplitude μm			Δ	Bemerkungen
			h	m	s	Ts	A_N	A_E	A_Z	km	
3. Jan.	ZE	eP	08	03	(57)						
	E	e		04	16						
		F	08	07							
4. Jan.	Z	eP	23	19	(16)					(2200)	Herdgebiet
	Z	e		19	23						nach BCIS:
	ZE	e(PP)		19	30						Kreta
		F	23	21							
5. Jan.	Z	ePKP	10	06	26					16200	Herdgebiet
	ZNE	iPKP		06	30						nach USCGS:
	Z	e		06	42						Loyalty-
	ZN	e		06	55						Inseln
	Z	e		07	37						
	Z	e		09	15						
	Z	e(PP)		09	40						
	Z	ePP		09	56						
	Z	e		10	39						
	Z	e		11	16						
	Z	e		12	42						
	Z	e		13	37						
		F	10	15							
6. Jan.	Z	e	04	20	45						
I		F	04	22							
6. Jan.	Z	eP	12	41	38						
II	Z	e		42	20						
		F	12	44							
7. Jan.	Z	ePKP	02	45	14						
I		F	02	46							
7. Jan.	ZE	eP	05	20	43						
II	ZE	e		20	54						
	E	e		21	20						
		F	05	24							
7. Jan.	ZE	eP	22	26	20					(2100)	Herdgebiet
III	E	e		26	27						nach BCIS:
	E	e(PP)		26	36						Südwestli-
	Z	e		26	44						che Türkei

Datum	Komp.	Phase	MGZ h	MGZ m	MGZ s	Periode Ts	Amplitude µm A_N	Amplitude µm A_E	Amplitude µm A_Z	Δ km	Bemerkungen
noch 7. Jan.	ZE	e		27	22						
III	E	e		27	27						
	E	e		29	(33)						
		F	22	30							
8. Jan.	ZE	eP	01	44	40					7400	h = ca. 100 km
I	Z	e		44	54						Herdgebiet nach USCGS: Inseln über dem Winde (Kleine Antillen)
	E	e		45	01						
	ZE	epP		45	24						
	ZE	e		45	37						
	ZE	e		45	55						
	ZE	e		46	20						
	Z	e		46	40						
	ZE	ePP		47	20						
	ZE	e		47	38						
	NE	eS		53	25						
	NE	e		53	36						
	NE	e		54	21						
		F	01	56							
8. Jan.	Z	e	19	09	(27)						
II	Z	e		09	43						
		F	19	11							
9. Jan.	ZE	e(P)	01	58	(49)					1800	Herdgebiet nach BCIS: Südküste von Griechenland
I	E	e		58	55						
	Z	e		59	02						
	ZE	e		59	10						
	Z	e		59	26						
	Z	e		59	40						
	Z	e		59	54						
	E	e	02	00	18						
	E	e(S)		02	11						
	ZE	e		02	33						
	E	eL		03	02						
		F	02	08							
9. Jan.	ZNE	i	13	41	51						Örtliche Sprengung
II	ZNE	i		41	52						
	NE	i		41	54						
		F	13	42.5							

Datum	Komp.	Phase	MGZ h	m	s	Periode Ts	Amplitude µm A_N	A_E	A_Z	Δ km	Bemerkungen
10. Jan.	ZN	e(Pg)	06	04	51					ca. 45	Vermutlich Sprengung
	ZNE	iSg		04	57						
	ZN	i		05	06						
	E	i		05	09						
		F	06	06							
1. Jan. I	ZE	e(P)	04	31	50					(2100)	Herdgebiet nach BCIS: Südküste der Türkei
	ZE	e(PP)		32	17						
	E	e		33	23						
		F	04	34							
11. Jan. II	ZE	eP	07	35	02						
	ZE	epP		35	53						
	Z	e		36	13						
		F	07	38							
12. Jan.	Z	e(P)	14	28	(19)						
	Z	e		28	34						
		F	14	30							
13. Jan. I	Z	e(P)	07	32	44						
		F	07	34							
13. Jan. II	ZE	e(P)	08	46	43						
	ZE	e(pP)		46	56						
	Z	e		47	05						
	E	e		47	44						
		F	08	49							
13. Jan. III	Z	ePKP	09	24	46						
	Z	e		25	04						
		F	09	26							
13. Jan. IV	Z	eP	09	49	17						
	Z	e		49	30						
		F	09	51							
14. Jan.	Z	e(PKP)	13	36	19						
		F	13	37							
15. Jan. I	Z	e(P)	15	51	49						
	Z	e		52	10						
		F	15	53							

Datum	Komp.	Phase	MGZ h	m	s	Periode Ts	Amplitude μm A_N	A_E	A_Z	Δ km	Bemerkungen
15. Jan.	Z	ePKP	21	39	22					17000	h = ca. 500 km
II	ZE	e		39	32						Herdgebiet nach USCGS: Fidschi-Inseln
	Z	e		39	42						
	Z	e		40	41						
	Z	e(pPKP)		41	20						
	Z	epPKP		41	39						
	E	e		41	47						
	E	e		41	55						
	Z	e		42	02						
	Z	ePP		43	08						
	Z	e		43	41						
		F	21	45							
16. Jan.	ZE	eiP	01	43	17						
I	ZE	e		43	28						
	ZE	e		44	04						
	Z	e		44	35						
	ZE	e		45	28						
		F	01	46	.						
16. Jan.	ZNE	ePn	18	10	18					440	Herdgebiet nach BCIS: Gebirgsschlag in einer Eisengrube bei Roncourt a. d. Mosel (49°12' N, 06°03' E)
II	ZNE	e		10	26						
	ZNE	ePg		10	33						
	ZNE	e		10	43						
	N	e		10	50						
	Z	e		11	05						
	ZNE	eSn		11	12						
	NE	e		11	18						
	ZNE	e		11	23						
	ZNE	e		11	27						
	ZNE	eiSg		11	36						
	NE	i		11	39						
		M		12	01	1.5	1.3	1.2			
		F	18	15							
18. Jan.	Z	ePKP	15	00	09						
I	Z	e		00	32						
		F	15	02							
18. Jan.	Z	eP	16	00	12						
II		F	16	02							

Datum	Komp.	Phase	MGZ h	m	s	Periode T s	Amplitude μm A_N	A_E	A_Z	Δ km	Bemerkungen
18. Jan.	Z	ePKP	22	42	07					16300	h = ca. 450 km
III	Z	e		42	10						Herdgebiet nach USCGS: Fidschi-Inseln
	Z	i		42	13						
	Z	e		43	27						
	Z	epPKP		44	03						
	Z	e		45	05						
	Z	ePP		45	36						
	Z	e		45	46						
	Z	e		46	27						
		F	22	50							
19. Jan.	ZE	e(P)	08	25	17						
	Z	e		25	58						
		F	08	27							
20. Jan.	NE	ePg	13	08	32					ca. 40	Vermutlich Sprengung
	ZNE	iSg		08	37						
	NE	i		08	41						
		F	13	09.3							
22. Jan.	ZNE	eP	05	22	48					9200	Herdgebiet nach USCGS: Ostküste von Hondo, Japan
I	NE	e		23	04						
	N	e		23	50						
	NE	e		24	15						
	N	e		25	52						
	NE	ePP		26	08						
	NE	e		27	36						
	ZNE	eS		33	04						
	ZN	e		34	36						
	NE	e(SS)		38	12						
	N	e		41	32						
	ZNE	eL		52	30						
		M_1		57	00	22		13	(70)		
		M_2	06	01	00	16		5.5			
		M_3		02	30	16	8		150		
		M_4		04	00	16	7	4	120		
		C				14–16					
		F	06	45							
22. Jan.	ZE	e(P)	09	58	56						
II		F	10	00							

Datum	Komp.	Phase	MGZ			Periode	Amplitude μm			Δ	Bemerkungen
			h	m	s	Ts	A_N	A_E	A_Z	km	
23. Jan.	NE	i	14	29	18						Örtliche Sprengung
I	NE	i		29	19						
	NE	i		29	21						
		F	14	30							
23. Jan.	ZNE	e	17	29	37						
II	ZNE	e		29	44						
	NE	e		29	50						
		F	17	30.2							
24. Jan.	Z	eP	05	20	46					9000	h = ca. 100 km
I	ZNE	eiP		20	48						
	Z	e		20	56						Herdgebiet nach USCGS: Küste von Hondo, Japan
	Z	ipP		21	09						
	E	e		21	15						
	E	e		22	30						
	Z	e		23	27						
	ZE	e(PP)		23	51						
	ZNE	ePP		24	11						
	E	e		31	(20)						
		F	05	32							
24. Jan.	ZNE	ePg	12	58	13					ca. 50	Vermutlich Sprengung
II	NE	iSg		58	19						
	NE	i		58	23						
		F	12	59							
24. Jan.	Z	eP	20	01	14					3000	Herdgebiet nach BCIS: Östlich der Azoren
III	ZNE	eiP		01	16						
	ZE	e		01	21						
	E	e		01	33						
	ZE	e		01	45						
	N	e		01	54						
	ZE	e(PP)		02	00						
	ZNE	e		02	30						
	Z	e		03	16						
	E	e		03	56						
	NE	eS		06	07						
	Z	e		06	54						
	N	e		07	27						
	ZE	e		07	45						
	NE	eL		08	20						

Datum	Komp.	Phase	MGZ h	MGZ m	MGZ s	Periode Ts	Amplitude µm A_N	Amplitude µm A_E	Amplitude µm A_Z	Δ km	Bemerkungen
noch 24. Jan.		M_1		11	00	12	3.5				
III		M_2		12	00	12	3.5	2	8		
		M_3		14	00	12		2			
		M_4		15	00	10	1.5	2	10		
		C				8-10					
		F	21	00							
26. Jan.	ZNE	e(Pg)	05	37	49					(700)	Herdgebiet nach BCIS: Ligurischer Apennin
I	ZE	e		38	12						
	ZE	e(Sn)		38	32						
	ZNE	eSg		39	11						
	ZE	e		39	21						
		F	05	42							
26. Jan.	Z	e(P)	11	42	58						
II	Z	e		43	24						
	Z	e		43	40						
		F	11	45							
27. Jan.	ZNE	eiP	03	40	21					2300	Herdgebiet nach BCIS: Nord-Atlantik
I	E	e		40	25						
	ZN	ePP		40	45						
	ZE	e(PPP)		41	12						
	ZE	e		41	35						
	Z	e		42	07						
	Z	e		42	30						
	N	e(S)		44	(20)						
		F	03	46							
27. Jan.	NE	e	15	15	17						
II	NE	e		15	20						
	ZNE	e		15	27						
	E	e		15	34						
		F	15	16							
29. Jan.	Z	e(P)	20	33	(24)						
I	ZE	e		33	32						
	Z	e		33	48						
	E	e		33	55						
	Z	e		34	06						
	ZE	e		34	18						
		F	20	35							

Datum	Komp.	Phase	MGZ h	m	s	Periode Ts	Amplitude μm A_N	A_E	A_Z	Δ km	Bemerkungen
29. Jan.	ZNE	eP	23	29	08					2200	Herdgebiet nach BCIS: Nord-Atlantik
II	E	e		29	14						
	E	e		29	18						
	ZNE	e(PP)		29	27						
	ZE	ei		29	42						
	E	e		29	54						
	Z	e		30	06						
	ZNE	e		30	17						
	Z	e		30	49						
	E	e		30	54						
	Z	e		31	49						
	ZN	e		32	23						
	ZN	e(S)		32	44						
	ZNE	eS		32	53						
	Z	e(SS)		33	38						
	Z	e		34	30						
	E	e		34	42						
	ZE	e		35	30						
	E	e		35	39						
	NE	e(L)		36	00						
	NE	eL		37	00						
		M_1		38	30	12	4	2	17		
		M_2		40	30	10	3.5	2.5	12		
		F	24	00							
30. Jan.	ZE	e(PKP)	00	30	59						
I	ZE	e		31	13						
	ZE	e		32	08						
	E	e		33	09						
		F	00	35							
30. Jan.	Z	$ePKP_1$	18	28	55					(17600)	Herdgebiet nach USCGS: Kermadec-Inseln
II	Z	e		29	09						
	ZNE	$ePKP_2$		29	33						
	N	e		30	09						
	Z	e		31	25						
	Z	e		31	32						
	Z	e(PP)		33	14						
		F	18	36							
30. Jan.	ZE	eP	20	50	54					8600	Herdgebiet nach USCGS: Hokkaido, Japan
III	ZNE	eiP		50	57						

Datum	Komp.	Phase	MGZ h	MGZ m	MGZ s	Periode Ts	Amplitude μm A_N	Amplitude μm A_E	Amplitude μm A_Z	Δ km	Bemerkungen
noch											
30. Jan.	Z	e		51	24						
III	Z	e		52	03						
	Z	e		53	03						
	Z	e		53	39						
	NE	eS	21	00	46						
	NE	e		01	36						
	NE	eL		18	00						
		M_1		22	00	24	17	20			
		M_2		25	00	15	6	8.5			
		M_3		33	00	12	2	1.5	8.5		
		C				11-13					
		F	22	00							
30. Jan.	ZNE	eP	22	28	46					3600	Herdgebiet nach USCGS: Hokkaido, Japan
IV	ZE	eiP		28	49						
	E	e		28	58						
	E	e		29	17						
	E	e		29	54						
	Z	e		30	14						
	Z	e		31	30						
	Z	e		32	29						
	ZNE	eS		38	36						
	E	e		39	06						
	NE	eL		53	00						
		M_1	23	00	00	22	20	30			
		M_2		03	30	14	9	15			
		M_3		07	30	12	2.5		17		
		C				12-14					
		F	23	45							
31. Jan.	Z	ePKP	06	05	11						
I		F	06	06							
31. Jan.	E	e(Pg)	12	57	(03)						Vermutlich Sprengung
II	ZNE	iSg		57	07						
	NE	i		57	11						
		F	12	58							
Februar											
1. Febr.	ZE	eP	03	21	20						
I											

Datum	Komp.	Phase	MGZ			Periode	Amplitude μm			Δ	Bemerkungen
			h	m	s	Ts	A_N	A_E	A_Z	km	
noch											
1. Febr.	E	e		21	31						
I	ZE	e(pP)		22	12						
	E	e		24	10						
		F	03	28							
1. Febr.	Z	e(P)	04	26	(30)						
II		F	04	27							
2. Febr.	ZE	e(P)	19	24	55						
	Z	e		25	03						
	Z	e		25	12						
		F	19	27							
4. Febr.	ZNE	i	14	37	59						Örtliche Sprengung
	NE	i		38	02						
	ZE	i		38	03						
		F	14	38.5							
5. Febr.	ZE	eiP	01	16	06						
I	ZE	e		16	12						
	E	e		16	30						
	E	e		17	42						
	E	e		18	21						
		F	01	20							
5. Febr.	Z	e(P)	10	18	05						
II	Z	e		18	49						
		F	10	19.5							
6. Febr.	Z	eP	07	31	(27)						
I		F	07	32							
6. Febr.	Z	eP	14	44	57						
II	Z	e		45	07						
	ZE	e		45	45						
	Z	e		46	18						
	E	e		46	31						
		F	14	49							
7. Febr.	E	eSg	07	51	(39)						
I	E	e		51	51						

Datum	Komp.	Phase	MGZ h	MGZ m	MGZ s	Periode Ts	Amplitude μm A_N	Amplitude μm A_E	Amplitude μm A_Z	Δ km	Bemerkungen
noch											
7. Febr.	E	e		52	10						
I		F	07	54							
7. Febr.	ZE	eP	09	50	17					10500	Herdgebiet nach USCGS: Nord-Peru
II	ZNE	iP		50	19						
	ZE	e		50	39						
	E	e		50	48						
	ZN	e		53	16						
	E	e		53	53						
	ZNE	ePP		54	05						
	E	ePP		54	12						
	Z	e		54	27						
	E	e		55	03						
	E	eSKS	10	00	53						
	NE	eS		01	32						
	ZNE	e(PS)		02	48						
	NE	e(SS)		08	44						
	Z	e		15	26						
	Z	e		15	36						
	NE	eL		18	00						
		M_1		24	30	30	25	45			
		M_2		30	00	18	5	20	60		
		M_3		34	30	18	10	10			
		M_4		42	30	18	9		20		
		C				16–17					
		F	11	30							
7. Febr.	Z	eP	11	03	02						
III											
7. Febr.	Z	eP	20	11	(51)						
IV	ZE	e		11	58						
	E	e		12	02						
	E	e		12	19						
	E	e		13	06						
	E	e		15	28						
		F	20	22							
8. Febr.	ZE	eP	01	07	56					2900	Herdgebiet nach BCIS: Nord-Atlantik
I	E	e		08	05						
	Z	e		08	20						

Datum	Komp.	Phase	MGZ h	m	s	Periode Ts	Amplitude μm A_N	A_E	A_Z	Δ km	Bemerkungen
noch											
8. Febr.	E	e		08	30						
I	E	e		09	12						
	Z	e		09	26						
	Z	e		10	27						
	Z	e		11	30						
	ZE	eS		12	33						
	Z	eL		15	30						
		M		17	30	15	3.5	2.5	13		
		F	01	25							
8. Febr.	ZE	ePKP	06	05	01						
II	Z	ePKP		05	06						
	Z	e		05	18						
	ZE	e		07	19						
	E	e(pPKP)		07	29						
		F	06	09							
9. Febr.	ZE	eP	04	54	40						
I	Z	e		54	45						
	E	e		55	04						
	E	e		55	28						
	Z	e		57	30						
		F	05	00							
9. Febr.	ZE	ePKP	21	32	37						
II	ZE	ePKP		32	43						
	E	e		33	46						
	Z	e		34	18						
	E	e		34	41						
		F	21	36							
11. Febr.	Z	eP	14	05	10						
I	Z	e		05	19						
		F	14	06							
11. Febr.	Z	ePKP	21	56	24						
II		F	21	57							
12. Febr.	Z	e(PKP)	17	22	58						
	E	e		23	13						
	E	e		23	52						

Datum	Komp.	Phase	MGZ			Periode	Amplitude µm			Δ	Bemerkungen
			h	m	s	Ts	A_N	A_E	A_Z	km	
noch											
12. Febr.	Z	e		24	15						
		F	17	25							
14. Febr.	Z	eP	22	21	32						
I		F	22	22.5							
14. Febr.	ZE	eP	22	36	37					(7200)	Herdgebiet nach USCGS: Ost-Pakistan
II	ZE	e		36	42						
	Z	e		36	50						
	E	e		37	05						
	E	e		37	43						
	E	e		38	46						
	Z	ePP		39	(02)						
		F	22	40							
15. Febr.	Z	e(PKP)	04	19	(02)						
I	Z	e		19	30						
		M	05	48	00	18	7.5	5.5			
		F	05	53							
15. Febr.	ZE	eP	04	10	59					(5100)	Herdgebiet nach USCGS: Provinz Sinkiang, China
II	ZE	e		11	06						
	ZE	e(PP)		12	39						
	ZE	e		12	54						
	E	e		13	44						
		F	04	15							
15. Febr.	Z	e	05	52	41						
III		F	05	53.5							
16. Febr.	Z	eP	00	52	47						
I		F	00	53.5							
16. Febr.	Z	e(PKP)	08	13	23						
II		F	08	14							
16. Febr.	ZE	i	14	09	25						Örtliche Sprengung
III	Z	i		09	26						
	E	i		09	27						
		F	14	10							

Datum	Komp.	Phase	MGZ h	m	s	Periode Ts	Amplitude µm A_N	A_E	A_Z	Δ km	Bemerkungen
17. Febr.	ZNE	ePg	01	55	(26)					(400)	Herdgebiet nach BCIS: Nieder-österreich
I	E	e		55	47						
	NE	e		55	58						
	ZNE	e		56	03						
	E	e		56	08						
	ZNE	eSg		56	10						
	E	i		56	12						
	N	i		56	14.						
		F	01	58							
17. Febr.	Z	eP	12	15	08					8600	Herdgebiet nach USCGS: Aleuten
II	ZNE	iP		15	10						
	ZE	e		15	14						
	NE	e		15	18						
	ZN	e		15	25						
	E	e		16	51						
	E	e		17	30						
	E	e(PP)		18	04						
	NE	eS		25	00						
	N	e		25	41						
		F	12	28							
18. Febr.	Z	ePKP	02	16	(18)						
I	Z	epPKP		18	(15)						
		F	02	19							
18. Febr.	Z	eP	12	17	24						
II		F	12	18							
20. Febr.	ZE	eP	18	28	52						
	E	e		29	03						
	Z	e		29	15						
	E	e		29	38						
		F	18	31							
22. Febr.	Z	eP	03	41	07						
		F	03	42							
23. Febr.	Z	eP	10	42	35						
I	ZE	iP		42	37						
	E	e		43	08						
		F	10	45							

Datum	Komp.	Phase	MGZ h	MGZ m	MGZ s	Periode Ts	Amplitude µm A_N	Amplitude A_E	Amplitude A_Z	Δ km	Bemerkungen
23. Febr.	ZNE	eiP	16	16	33						
II	Z	e		16	40						
	E	e		17	03						
	E	e		17	52						
		F	16	19							
23. Febr.	Z	e	20	11	06						
III		F	20	12							
23. Febr.	Z	ePKP	22	40	56						
IV	Z	e		41	26						
		F	22	42							
24. Febr.	Z	eP	12	58	55						
	Z	e(pP)		59	24						
		F	13	00							
25. Febr.	ZE	ePKP	10	21	34						
I	Z	e		21	37						
	E	e		21	49						
	E	e		22	19						
	E	e		22	32						
	Z	e		23	42						
		F	10	25							
25. Febr.	ZNE	i	13	11	42						Örtliche Sprengung
II	NE	i		11	43						
	ZNE	i		11	45						
		F	13	12.2							
26. Febr.	Z	e(P)	01	55	03						
	Z	e		55	42						
		F	01	56							
27. Febr.	ZE	ePKP	15	40	25						
I	ZE	e		40	33						
		F	15	42							
27. Febr.	ZE	eiP	21	09	06						
II	E	e		09	15						
	Z	e		09	20						
	ZE	e		09	36						
		F	21	13							

Datum	Komp.	Phase	MGZ h	MGZ m	MGZ s	Periode Ts	Amplitude µm A_N	A_E	A_Z	Δ km	Bemerkungen
28. Febr.	ZE	e(P)	01	44	16						
I	Z	e		44	30						
		F	01	46							
28. Febr.	Z	e(PKP)	06	20	17						
II		F	06	21.5							
März											
1. März	ZN	eP	00	36	36					2700	Herdgebiet nach USCGS: Arktisches Meer
I	ZNE	iP		36	37						
	Z	i "		36	42						
	E	i		36	49						
	ZNE	eiPP		37	04						
	ZNE	ei		37	18						
	ZE	ei		37	25						
	E	e		37	39						
	N	e		37	52						
	ZN	e		38	03						
	E	e		38	30						
	ZNE	eS		40	54						
	N	e		41	14						
	N	e(SS)		42	05						
		F	00	45							
1. März	Z	eP	17	03	46					12200	Herdgebiet nach USCGS: Nordküste von Neu-Guinea
II	ZE	e		03	54						
	ZE	ePKP		07	27						
	ZE	e		07	47						
	Z	e		08	11						
	ZE	ePP		08	23						
	NE	ePP		08	28						
	Z	e		08	45						
	Z	e		09	03						
	N	e		09	17						
	Z	e		10	22						
	Z	e		10	46						
	Z	e		11	43						
	Z	e		12	16						
	Z	e		12	51						
	ZE	e		17	42						
	E	e		18	51						

Datum	Komp.	Phase	MGZ			Periode	Amplitude µm			Δ	Bemerkungen
			h	m	s	Ts	A_N	A_E	A_Z	km	
noch											
1. März	E	e(SS)		24	00						
II	Z	e		29	00						
		M_1		50	00	18	35	35			
		M_2		56	00	16	8	7	30		
		F	18	30							
1. März	Z	e	17	18	45						
III	Z	e		18	56						
2. März	ZNE	eiP	15	59	29					4900	h = ca. 220 km
	Z	e		59	36						
	ZE	epP	16	00	14						Herdgebiet nach USCGS: Hindukusch
	NE	e		00	21						
	Z	e(sP)		00	36						
	Z	ePP		01	09						
	ZE	e		01	26						
	ZN	e(pPP)		02	05						
	Z	e		02	33						
	E	e(S)		05	39						
		F	16	07							
4. März	Z	e(P)	01	04	27						
I	E	e		05	11						
		F	01	07							
4. März	ZNE	i	14	02	49						Örtliche Sprengung
II	ZNE	i		02	50						
		F	14	03.2							
4. März	Z	ePKP	19	14	48						
III	Z	e		15	12						
	Z	epPKP		15	22						
		F	19	17							
4. März	ZE	e(P)	20	09	43						
IV	Z	e		10	14						
		F	20	11							
4. März	ZE	eP	23	12	41						
V		F	23	13.5							

Datum	Komp.	Phase	MGZ h	m	s	Periode Ts	Amplitude μm A_N	A_E	A_Z	Δ km	Bemerkungen
5. März I	ZE	eP	00	26	35						
	Z	e		26	43						
	ZE	e		27	18						
		F	00	28							
5. März II	Z	ePKP	03	17	(04)						
	Z	e		17	33						
		F	03	18							
5. März III	ZE	eP	14	21	38						
	ZE	e(pP)		22	17						
		F	14	24							
5. März IV	Z	eP	23	08	(11)						
	Z	e		08	49						
		F	23	09							
6. März	Z	e	12	51	28						Vermutlich Sprengung
	ZNE	i		51	33						
	ZNE	i		51	40						
		F	12	52							
7. März	Z	e(P)	15	54	07						
		F	15	55							
8. März	ZE	ePn	11	20	08					1350	Herdgebiet nach BCIS: Küstengebiet von Albanien
	E	e		21	32						
	E	e		21	45						
	ZE	e		22	51						
	E	e		23	18						
	E	eSg		23	55						
	E	e		25	05						
		F	11	28							
9. März I	Z	e(P)	18	56	25						
	Z	e		56	41						
		F	18	57.5							
9. März II	Z	eP	22	15	25						
	Z	epP		16	07						
	Z	e(sP)		16	28						
		F	22	17							

Datum	Komp.	Phase	MGZ h	m	s	Periode Ts	Amplitude µm A_N	A_E	A_Z	Δ km	Bemerkungen
10. März	Z	eP	17	59	27						
I		F	18	00							
10. März	Z	eP	23	02	28						
II		F	23	03							
11. März	Z	e(P)	03	11	09						
I		F	03	12							
11. März	ZNE	eiPg	12	55	14					ca. 50	Vermutlich Sprengung
II	ZNE	iSg		55	20						
	ZE	i		55	24						
	N	i		55	26						
		F	12	56							
12. März	Z	ePKP	01	48	(36)						
		F	01	49							
13. März	ZE	e(PKP)	16	59	48						
I	E	e		59	53						
	E	e	17	00	33						
		F	17	01							
13. März	ZNE	eP	19	12	37					(2200)	Herdgebiet nach BCIS: Ägäisches Meer, Nähe Kreta
II	ZE	e		12	42						
	Z	e		12	46						
	N	e		12	52						
	ZE	e		12	57						
	Z	e		13	25						
	NE	e(S)		16	29						
	NE	e		16	45						
		F	19	18							
14. März	ZE	eP	03	07	27						
I	Z	e		07	45						
		F	03	09							
14. März	E	e	08	46	(18)						Nahbeben
II	ZE	e		46	33						
	E	e		47	03						
		F	08	48							

Datum	Komp.	Phase	MGZ			Periode	Amplitude µm			Δ	Bemerkungen
			h	m	s	Ts	A_N	A_E	A_Z	km	
16. März	Z	eP	23	46	(36)						
	Z	e		46	51						
		F	23	47.5							
17. März	Z	eP	08	37	59					9400	Herdgebiet nach USCGS: Riu-Kiu-Inseln
I	ZNE	eiP		38	02						
	ZNE	ei		38	13						
	ZN	e		38	36						
	Z	e		39	07						
	Z	e		39	33						
	Z	e		40	30						
	Z	ePP		41	15						
	NE	e(SKS)		48	25						
	ZNE	eS		48	32						
	ZN	e(PS)		49	15						
		M_1	09	13	30	18	7	6			
		M_2		16	00	16	5.5	5.5			
		M_3		21	30	15	9	10	55		
		F	10	00							
17. März	Z	eP	22	05	02						
II	ZN	e		05	04						
	E	e		05	11						
	E	e		05	23						
	E	e		05	49						
	E	e		06	24						
		F	22	08							
18. März	Z	eP	00	54	01					9400	Herdgebiet nach USCGS: Riu-Kiu-Inseln
I	NE	e		54	13						
	Z	e		54	17						
	NE	e		54	24						
	E	e		54	48						
	N	e		55	12						
	N	eS	01	04	28						
		M		36	30	15	2.5	2.5	14		
		F	01	45							
18. März	Z	eP	07	38	58						
II	Z	e		39	21						
		F	07	41							

Datum	Komp.	Phase	MGZ h	MGZ m	MGZ s	Periode Ts	Amplitude µm A_N	A_E	A_Z	Δ km	Bemerkungen
18. März III	ZNE	i	12	02	03						Örtliche Sprengung
	NE	i		02	04						
	ZNE	i		02	06						
		F	12	03							
18. März IV	Z	e	19	29	55						
		F	19	31							
18. März V	Z	e(Pg)	23	22	(18)					340	Herdgebiet nach BCIS: Schwäbische Alb
	NE	e		22	25						
	N	e		22	55						
	ZNE	eSg		23	00						
	Z	e		23	11						
		F	23	24.5							
19. März I	ZE	eP	08	32	48					4100	Herdgebiet nach USCGS: Nord-Atlantik
	ZE	e		32	57						
	Z	e		33	07						
	E	e		33	11						
	ZE	ePP		34	12						
	E	eS		38	45						
		M		47	00	18					
		F	09	00							
19. März II	Z	eP	09	48	29						
	Z	e		48	55						
		F	09	50							
20. März	Z	eP	01	14	20						
	Z	e		14	33						
		F	01	16							
21. März I	Z	ePKP	04	46	01					(16300)	Herdgebiet nach USCGS: Fidschi-Inseln
	ZE	iPKP		46	03						
	E	e		46	05						
	E	e		46	16						
	E	e		46	46						
	Z	epPKP		48	16						
	Z	ePP		48	32						
	Z	e		49	16						
		F	04	51							

Datum	Komp.	Phase	MGZ			Periode	Amplitude μm			Δ	Bemerkungen
			h	m	s	Ts	A_N	A_E	A_Z	km	
21. März II	Z	e(P)	19	49	06						
		F	19	50							
22. März	ZNE	ePn	22	39	15					1150	Herdgebiet nach BCIS: Vor der Küste der Vendée, Frankreich
	NE	e		39	21						
	ZNE	e(Pg)		40	11						
	E	e		40	45						
	E	e		41	20						
	ZE	e(Sn)		41	33						
	E	e		41	54						
	ZNE	e		42	15						
	ZNE	e		42	31						
	ZNE	iSg		42	44						
	E	i		42	52						
		M		43	00	2.5	1	1			
		F	22	47							
23. März	Z	e(P)	07	22	33						
	Z	e		22	45						
	Z	e		24	18						
		F	07	30							
24. März I	ZE	e	10	26	25					ca. 800	Herdgebiet nach BCIS: Gegend von Florenz, Italien
	ZE	e(Pg)		26	46						
	E	e		27	03						
	NE	eSn		27	36						
	ZE	eiSg		28	12						
	E	i		28	19						
		F	10	32							
24. März II	ZE	e(P)	17	31	00						
	Z	e		31	19						
		F	17	33							
25. März	Z	e(PKP)	00	18	44						
		F	00	19.2							
26. März I	ZE	ePKP	02	43	14					(14000)	h = ca. 60 km Herdgebiet nach USCGS: Salomon-Inseln
	Z	e(pPKP)		43	29						
	E	epPKP		43	34						
	E	e		44	31						
	Z	e(PP)		45	09						

Datum	Komp.	Phase	MGZ			Periode	Amplitude μm			Δ	Bemerkungen
			h	m	s	Ts	A_N	A_E	A_Z	km	
Loch											
26. März	ZE	ePP		45	36						
I		F	02	47							
26. März	Z	e	05	43	09						
II	Z	e		43	32						
		F	05	44							
27. März	Z	eP	07	12	47						
	Z	e(pP)		13	15						
		F	07	14							
28. März	ZNE	ePg	14	48	15					ca. 130	Sprengung?
I	ZNE	eSg		48	31						
	ZNE	iSg		48	32						
		F	14	50							
28. März	E	ePKP	20	05	49						
II	ZNE	eiPKP		05	53						
	N	e		06	04						
	N	e		06	11						
	E	e		06	38						
	ZNE	e(pPKP)		08	06						
		F	20	12							
29. März	ZE	e(P)	19	20	34						
I	E	e		20	43						
	E	e		20	52						
	E	e		23	40						
		F	19	25							
29. März	ZE	eP	23	11	07					(1800)	Herdgebiet nach BCIS: Ostküste von Griechenland
II	E	e(PP)		11	16						
	Z	e		11	27						
	E	e		11	36						
	E	e		12	47						
	E	e		15	06						
		F	23	20							
29. März	Z	eP	23	26	35						
III	Z	e		26	49						
		F	23	28							

Datum	Komp.	Phase	MGZ h	MGZ m	MGZ s	Periode Ts	Amplitude µm A_Z	Amplitude µm A_N	Amplitude µm A_E	Δ km	Bemerkungen
30. März	ZE	ePKP	18	38	51						
	Z	e		39	09						
		F	18	40							
31. März	Z	ePKP	07	40	22						
	Z	e		40	27						
	Z	e		40	34						
	Z	e		41	23						
		F	07	44							
April											
1. April I	ZN	eP	00	41	04					3800	Herdgebiet nach BCIS: Kanarische Inseln
	ZNE	eiP		41	06						
	ZNE	e		41	20						
	ZE	e		41	43						
	NE	e(PP)		42	03						
	ZE	e		43	16						
	NE	eS		46	24						
		M		55	30	18					
		F	01	10							
1. April II	Z	e(PKP)	15	07	46						
		F	15	08.5							
1. April III	Z	e(PKP)	19	35	24						
	Z	e		35	28						
	Z	e		35	52						
		F	19	37							
2. April I	ZE	e(P)	04	15	03						
	E	e		15	14						
	E	e		15	46						
		F	04	16							
2. April II	Z	e	04	38	17						
	Z	e		38	23						
		F	04	39							
2. April III	ZNE	ePg	15	13	41					ca. 120	Sprengung bei Hilders/ Rhön
	ZNE	iSg		13	57						
	NE	i		13	59						

Datum	Komp.	Phase	MGZ h	m	s	Periode Ts	Amplitude µm A_N	A_E	A_Z	Δ km	Bemerkungen
noch											
2. April	E	i		14	15						
III		F	15	16							
2. April	ZE	eP	19	34	16						
IV	Z	e		34	22						
	ZE	e		34	39						
	E	e		34	48						
	E	e		35	10						
		F	19	36							
2. April	ZE	e(PKP)	22	08	16						
V	Z	e		08	25						
	E	e		08	30						
	Z	e		08	57						
		F	22	10							
4. April	Z	e(P)	19	16	29						
	Z	e		16	42						
		F	19	18							
5. April	ZE	ePn	10	49	42					800	Herdgebiet nach BCIS: Französische Westalpen
I	NE	e		49	46						
	NE	e		49	55						
	ZNE	i		50	07						
	ZNE	iPg		50	12						
	NE	i		50	20						
	ZE	i		50	37						
	E	i		50	52						
	ZNE	iSn		51	01						
	NE	i		51	16						
	ZNE	i		51	23						
	ZN	i		51	33						
	N	i		51	39						
	ZNE	iSg		51	44						
	ZN	i		51	52						
		M		52	00	9	12	25			
		F	11	15							
5. April	ZE	ePn	18	15	01					670	Herdgebiet nach BCIS: Grenzgebiet Ungarn - Kroatien
II	ZNE	e		15	10						
	E	e(Pg)		15	29						

Datum	Komp.	Phase	MGZ h	m	s	Periode Ts	Amplitude μm A_N	A_E	A_Z	Δ km	Bemerkungen
noch											
5. April	E	e		15	48						
II	E	eSn		16	07						
	ZE	e		16	27						
	E	e		16	37						
	ZNE	iSg		16	41						
	E	i		16	44						
	N	i		16	46						
		M		17	16	2	1	1			
		F	18	25							
5. April	Z	e(P)	20	11	55						
III		F	20	13							
5. April	Z	ePKP	21	25	10						
IV	Z	e		25	14						
		F	21	26							
5. April	Z	e	23	49	44						
V	Z	e		49	52						
	Z	e		50	05						
		F	23	52							
6. April	Z	e	00	01	32						
I	Z	e		02	03						
		F	00	03							
6. April	Z	eP	05	36	15						
II	Z	e		36	30						
		F	05	37.5							
6. April	E	e	14	30	(17)					(12200)	Herdgebiet nach USCGS: Indonesien (Insel Gumba)
III	ZE	e		30	27						
	Z	ePKP		31	15						
	Z	e(PP)		31	36						
	E	ePP		31	42						
	Z	e		32	21						
	E	e		32	26						
	Z	e		32	31						
		F	14	35							
8. April I	ZE	ePKP	01	42	40					17700	(h = ca. 400 km)

Datum	Komp.	Phase	MGZ h	MGZ m	MGZ s	Periode Ts	Amplitude µm A_N	Amplitude µm A_E	Amplitude µm A_Z	Δ km	Bemerkungen
noch 8. April I	Z	e		42	55						Herdgebiet nach USCGS: Kermadec-Inseln
	ZE	ei		43	22						
	Z	e		43	27						
	Z	e		43	34						
	Z	e		43	42						
	E	e		43	48						
	Z	e		45	04						
	E	e(sPKP)		45	18						
	E	e		46	16						
	Z	ePP		46	55						
		F	01	48							
8. April II	ZE	ePKP	08	21	07					(16200)	h = ca. 100 km Herdgebiet nach USCGS: Tonga-Inseln
	ZE	ei		21	09						
	E	e		21	26						
	ZE	eipPKP		21	42						
	Z	e		21	52						
	ZE	e		22	16						
	E	e		22	39						
	Z	e(PP)		24	32						
		F	08	26							
8. April III	Z	e	19	06	37						
		F	19	08							
9. April I	Z	e	17	19	40						
	Z	e		19	53						
		F	17	21							
9. April II	Z	e(P)	17	49	01						
	Z	e		49	03						
	Z	e		49	27						
		F	17	50							
10. April I	Z	eiPKP	06	06	22					16800	h = ca. 600 km Herdgebiet nach USCGS: Fidschi-Inseln
	Z	i		06	29						
	E	i		06	33						
	ZE	i		06	42						
	Z	e		07	08						
	E	e		07	15						
	ZE	epPKP		08	42						

Datum	Komp.	Phase	MGZ h	m	s	Periode Ts	Amplitude μm A_N	A_E	A_Z	Δ km	Bemerkungen
noch											
10. April	ZE	e	06	08	53						
I	E	e		09	30						
	Z	e(sPKP)		09	41						
	Z	ePP		10	07						
	Z	e		11	31						
	Z	e(pPP)		12	06						
		F	06	14							
10. April	ZNE	ei	12	15	50						Örtliche Sprengung
II	ZNE	i		15	51						
	ZNE	i		15	53						
		F	12	16.2							
10. April	Z	ePKP	24	11	24						
III	ZE	e		11	33						
	Z	e		11	44						
	Z	e		12	15						
	Z	e		12	27						
		F	24	13							
11. April	Z	e	14	58	41						
I		F	14	59.5							
11. April	Z	e(PKP)	18	15	33						
II	Z	e		15	41						
		F	18	16							
12. April	ZE	eP	10	07	29					9100	h = ca. 100 km
I	E	e		07	41						
	ZE	epP		07	55						Herdgebiet nach USCGS: Mexico
	NE	e		08	03						
	Z	e		08	28						
	ZN	e		09	38						
	ZE	ePP		10	48						
	Z	e		11	57						
	N	eS		17	47						
	NE	e(SKS)		18	03						
		F	10	20							
12. April	ZN	ePKP	21	13	39					16000	Herdgebiet nach USCGS: Salomon-Inseln
II	E	e		13	42						

Datum	Komp.	Phase	MGZ			Periode	Amplitude μm			Δ	Bemerkungen
			h	m	s	T s	A_N	A_E	A_Z	km	
noch											
12. April	ZNE	e		13	49						
II	NE	e		14	03						
	Z	e		14	21						
	E	e		14	33						
	Z	e		14	45						
	Z	e		15	53						
	E	e		16	10						
	Z	e		16	15						
	ZN	ePP		17	09						
	ZN	e		17	41						
		F	21	20							
14. April	Z	eP	07	31	32						
	Z	e		31	40						
	ZE	eipP		31	42						
	E	e		32	25						
		F	07	34							
15. April	ZNE	eP	00	27	25					(8700)	Herdgebiet nach USCGS: Hokkaido, Japan
I	Z	e		27	46						
	Z	e		28	36						
	Z	e		29	33						
	Z	ePP		30	25						
	Z	e		30	49						
		F	00	32							
15. April	NE	ePg	17	43	22					130	Sprengung (51.7° N, 10.0° E)
II	E	e		43	27						
	E	e		43	37						
	ZNE	iSg		43	39						
	N	i		43	44						
	E	i		44	19						
		F	17	45.5							
15. April	ZE	eP	19	22	49						
III	Z	e		23	04						
	E	e		23	25						
		F	19	25							
17. April	ZNE	i	12	00	03						Örtliche Sprengung
	ZNE	i		00	04						

Datum	Komp.	Phase	MGZ			Periode	Amplitude μm			Δ	Bemerkungen
			h	m	s	Ts	A_E	A_N	A_Z	km	
noch 17. April	ZNE	i		00	06						
		F	12	00.5							
18. April	Z	e(P)	03	46	10						
	Z	e		46	37						
		F	03	47							
19. April I	E	eP	09	04	(33)						
	ZE	e		04	36						
	E	e		05	05						
	ZE	e		05	21						
		F	09	08							
19. April II	Z	eP	15	14	41						
	ZE	e		14	50						
	E	e		15	01						
	E	e		15	26						
		F	15	18							
19. April III	ZE	eP	17	42	33					(1700)	Herdgebiet nach BCIS: Westküste von Griechenland
	E	e(PP)		42	42						
	E	e		42	55						
	ZE	e		43	09						
	E	eS		45	(39)						
	E	e		47	40						
		F	17	50							
19. April IV	ZE	e(PKP)	20	02	41						
	Z	e		02	51						
	Z	e		03	05						
		F	20	04							
19. April V	ZE	e	21	30	14					(ca.800)	Herdgebiet nach BCIS: Nachstoß vom 5. April 1959: Westalpen
	NE	ePg		30	18						
	ZE	e		30	39						
	E	e		31	22						
	E	e		31	31						
	ZE	e		31.	44						
	ZNE	eSg		31	51						
	NE	e		32	01						
		F	21	35							

Datum	Komp.	Phase	MGZ h	m	s	Periode Ts	Amplitude μm A_N	A_E	A_Z	Δ km	Bemerkungen
20. April	Z	eP	04	33	54						
	Z	e		34	18						
	Z	e		34	38						
		F	04	35							
21. April	Z	ePKP	01	46	26						
I	ZE	e		46	32						
	E	e		46	53						
		F	01	47.5							
21. April	ZNE	e	21	55	00						Herdgebiet nach BCIS: Karnische Alpen
II	E	e		55	06						
	ZE	e		55	28						
	NE	e		55	39						
	NE	e		55	48						
	Z	e		55	51						
	NE	eSg		55	55						
		F	21	58							
22. April	E	e(Pg)	03	31	(21)					(500)	Herdgebiet nach BCIS: Schweiz
I	E	e		31	38						
	E	eSg		31	45						
		F	03	32							
22. April	Z	e(P)	03	44	44						
II	ZE	e		44	49						
	E	e		44	53						
		F	03	45.5							
22. April	ZE	eP	11	06	52						
III	E	e		06	58						
	Z	e		07	05						
	ZE	e		07	18						
		F	11	09							
22. April	Z	eP	19	14	(46)						
IV	Z	e		14	58						
		F	19	16							
22. April	Z	e(PKP)	20	45	57						
V	Z	e		46	09						
		F	20	47							

Datum	Komp.	Phase	MGZ h	MGZ m	MGZ s	Periode Ts	Amplitude µm A_N	Amplitude µm A_E	Amplitude µm A_Z	Δ km	Bemerkungen
24. April	Z	e	09	44	33						
I	Z	e		44	45						
		F	09	45.5							
24. April	Z	$ePKP_1$	18	18	00					17500	Herdgebiet
II	Z	e		18	18						nach USCGS:
	ZN	e		18	24						Kermadec-
	ZN	$ePKP_2$		18	51						Inseln
	Z	ePP		22	16						
	Z	e		22	36						
	Z	e		23	20						
	Z	e		28	09						
	Z	e		29	51						
	Z	e		30	42						
		M_1	19	28	00	24					
		M_2		34	30	22					
		M_3		41	00	18					
		M_4		45	30	18	2	2			
		F	20	30							
25. April	ZNE	eiP	00	30	59					2100	Herdgebiet
I	ZE	ePP		31	15						nach USCGS:
	ZE	e(PPP)		31	31						Südost-
	ZNE	e		31	52						Türkei
	Z	e		32	18						
	Z	e		32	40						
	E	e		33	04						
	N	e		33	30						
	E	e		33	37						
	Z	e		34	28						
	ZNE	eS		34	36						
	E	e		34	55						
	ZNE	eL		36	30						
		M_1		37	30	14	6.5	3.5			
		M_2		38	30	10	5	2			
		M_3		39	00	10			10.		
		F	im Nachstoß								
25. April	ZE	eP	01	10	00						Nachstoß
II	Z	e		10	14						
	Z	e		10	48						
	ZE	eS		13	36						

Datum	Komp.	Phase	MGZ			Periode	Amplitude µm			Δ	Bemerkungen
			h	m	s	Ts	A_N	A_E	A_Z	km	
noch 25. April II		M		16	30	12	1.5	0.6			
		F	01	30							
25. April III	ZNE	i	09	36	00						Örtliche Sprengung
	NE	i		36	01						
	ZNE	i		36	03						
		F	09	37							
26. April I	Z	ePKP	05	37	24						
	Z	e		37	35						
		F	05	38							
26. April II	ZE	e	06	07	07						
	Z	e		07	15						
	Z	e		07	21						
		F	06	08							
26. April III	ZNE	eiPn	14	46	28					500	Herdgebiet nach BCIS: Venezianer Alpen (46.5° N, 13° E)
	NE	i		46	31						
	NE	i		46	40						
	ZNE	iPg		46	47						
	E	i		46	53						
	NE	i		46	56						
	E	i		47	10						
	ZN	i		47	23						
	E	i		47	27						
	E	i		47	36						
	ZNE	iSg		47	40						
	E	i		47	46						
	Z	i		47	50						
		F	14	55							
26. April IV	ZNE	eiP	20	52	52					9200	h = ca. 150 km
	NE	i		52	57						Herdgebiet nach USCGS: Nordost-Küste von Formosa (25° N, 122 1/2° E)
	ZNE	ei		53	07						
	Z	ei		53	19						
	ZNE	eipP		53	27						
	N	i		53	37						
	ZNE	ei		53	48						
	Z	e		55	21						
	ZNE	ePP		56	03						

Datum	Komp.	Phase	MGZ h	m	s	Periode Ts	Amplitude µm A_N	A_E	A_Z	Δ km	Bemerkungen
noch											
26. April	Z	e		56	32						
IV	N	e	21	02	21						
	Z	e		02	28						
	ZNE	eS		03	03						
	E	e(ScS)		03	18						
	N	e		03	36						
	NE	esS		03	58						
	N	e		05	30						
	N	e		07	05						
	E	e		07	21						
	NE	eSS		08	28						
	N	e		09	06						
	NE	e		14	08						
	N	e		15	44						
	N	e		18	36						
	NE	eL		20	30						
		M_1		26	00	30	120				
		M_2		27	30	24		50			
		M_3		30	00	16	25		30		
		M_4		33	30	15	25	18	40		
		C				14-16					
		F	22	30							
27. April	Z	ePKP	10	06	48						
	Z	e		07	37						
	Z	e		08	19						
		F	10	10							
28. April	ZNE	eP	11	22	18					9700	Herdgebiet nach USCGS: Grenzgebiet Guatemala - Mexico
I	ZNE	e		22	53						
	ZN	e		23	17						
	Z	ePP		25	38						
	ZN	eS		31	52						
	ZNE	e(PS)		33	00						
	Z	e(SS)		38	14						
		M_1	12	02	30	18	6	7			
		M_2		05	30	17	4	4.5	15		
		M_3		13	30	16		2.5			
		M_4		15	00	16	3				
		F	13	00							

Datum	Komp.	Phase	MGZ h	MGZ m	MGZ s	Periode Ts	Amplitude μm A_N	Amplitude μm A_E	Amplitude μm A_Z	Δ km	Bemerkungen
28. April II	Z	e(PKP)	13	19	49						
		F	13	20							
28. April III	ZNE	e	16	46	51						Örtliche Sprengung
	NE	i		46	52						
	ZNE	i		46	54						
		F	16	47.5							
28. April IV	Z	e(P)	17	23	11						
	Z	e		23	25						
		F	17	24							
28. April V	Z	e(P)	22	13	42						
		F	22	15							
<u>Mai</u>											
1. Mai	NE	ePg	21	39	16					ca. 80	Gebirgsschlag im Südharz
	E	e		39	18						
	NE	eSg		39	24						
	N	e		39	25						
	NE	e		39	27						
		M		39	34	1	0.5	0.5			
		F	21	40.5							
2. Mai	NE	ePn	06	37	40					550	Herdgebiet nach BCIS: Grenzgebiet Österreich - Jugoslawien
	E	e		37	43						
	N	e		37	56						
	N	e		38	03						
	N	ePg		38	11						
	N	e(Sn)		38	32						
	NE	e		38	37						
	NE	iSg		38	58						
		M_1		39	07	1.2	0.8				
		M_2		39	12	1.2		1.5			
		F	06	42							
4. Mai I	ZNE	eiP	07	27	11					8100	Herdgebiet nach USCGS: Ostküste von Kamtschatka
	E	iP		27	14						
	N	i		27	19						
	ZN	i		27	53						
	Z	e		29	32						
	ZN	ePP		30	08						

Datum	Komp.	Phase	MGZ h	m	s	Periode Ts	Amplitude µm A_N	A_E	A_Z	Δ km	Bemerkungen
noch											
4. Mai	N	e		31	42						
I	E	e		32	34						
	N	e		36	23						
	ZNE	iS		36	30						
	NE	i		36	48						
	N	i(PS)		36	56						
	NE	i		37	12						
	NE	eSS		41	12						
	ZE	e(SSS)		45	00						
	E	e		48	48						
	ZNE	eL		50	00						
	ZNE	G		53	30	44-40	2000	600	2000		
		M_1		58	00	24	600	400	650		
		M_2	08	01	30	22	400		300		
		M_3		04	30	18	200		250		
		C				14-16					
		F	11	00							
4. Mai	Z	e	17	28	57						
II		F	17	29.5							
4. Mai	Z	e(PKP)	23	03	36						
III		F	23	04							
5. Mai	ZNE	eP	19	15	45					8100	Nachstoß Kamtschatk
	Z	e		15	47						
	E	eS		25	27						
		M_1		45	30	22		9			
		M_2		48	00	16	3	5.5			
		F	20	15							
6. Mai	Z	ePKP	17	48	04						
		F	17	48.5							
7. Mai	Z	e	00	23	40						
I	Z	e(PP)		23	49						
	Z	e		25	31						
	Z	e		26	24						
		F	00	28							

Datum	Komp.	Phase	MGZ h	MGZ m	MGZ s	Periode Ts	Amplitude μm A_N	Amplitude μm A_E	Amplitude μm A_Z	Δ km	Bemerkungen
7. Mai	ZE	e	06	42	15						
II	E	e(Pg)		42	1						
	E	e		42	43						
		F	06	43 5							
7. Mai	Z	e	22	46	(42)						
III	E	e		46	52						
	E	e		47	09						
	ZE	e		47	16						
	Z	eSg		47	24						
		F	22	48.2							
7. Mai	E	e	22	56	52						
IV	E	e		57	06						
	ZE	e(Sg)		57	18						
	Z	e		57	26						
		F	22	58							
8. Mai	ZE	iP	11	46	15						
	E	e		46	21						
	E	e		46	33						
	ZE	e		46	40						
	Z	e		47	02						
		F	11	50							
9. Mai	NE	i	11	06	47						Örtliche Sprengung
I	NE	i		06	48						
	NE	i		06	50						
		F	11	07.5							
9. Mai	ZE	eP	24	09	03						
II	ZE	e		09	18						
		F	24	11							
10. Mai	Z	eP	11	01	08						
		F	11	02							
11. Mai	ZE	eSg	14	41	12						
I	ZE	e		41	25						
		F	14	42							
11. Mai	ZE	eP	16	40	18						
II											

Datum	Komp.	Phase	MGZ h	m	s	Periode Ts	Amplitude µm A_N	A_E	A_Z	Δ km	Bemerkungen
noch											
11. Mai	Z	e		40	26						
II	E	e		40	29						
	Z	e		40	39						
	E	e		40	48						
	E	e		42	23						
		F	16	43							
12. Mai	ZE	e(P)	00	44	57						
I	E	e		45	15						
		F	00	47							
12. Mai	ZNE	eP	05	09	07					8100	Herdgebiet nach USCGS: Aleuten
II	Z	e		10	10						
	Z	e		11	11						
	ZN	ePP		11	50						
	Z	e(PPP)		13	31						
	NE	eS		18	31						
	ZN	e		19	00						
	E	e		19	27						
	NE	e(SS)		23	12						
	NE	eL		36	00						
		M_1		39	00	24	7.5				
		M_2		47	30	15	4	1			
		F	im Streifenwechsel								
12. Mai	Z	eP	10	00	36					11100	Herdgebiet nach USCGS: Argentinien
III	Z	e		00	46						
	ZE	e		04	22						
	ZE	ePP		04	36						
	Z	e		05	25						
	E	eSKS		11	20						
	ZNE	eS		12	15						
	E	e(PS)		13	35						
		M_1		47	30	18	6	7	20		
		M_2		53	30	16	4.5				
		M_3		57	00	16	5.5	2.5	15		
		M_4	11	00	00	16		4			
		F	12	30							
12. Mai	ZE	eP	21	52	22						
IV	Z	e		52	43						

Datum	Komp.	Phase	MGZ h	m	s	Periode Ts	Amplitude μm A_N	A_E	A_Z	Δ km	Bemerkungen
noch											
12. Mai	ZE	e		53	07						
IV	Z	e		54	07						
	Z	e		54	26						
		F	21	56							
12. Mai	ZE	eP	22	11	57						
V	ZE	e		12	06						
	ZE	e		12	22						
	Z	e		13	18						
	Z	e		14	04						
		F	22	16							
12. Mai	Z	eP	22	46	22						
VI		F	22	47							
14. Mai	Z	eP	00	59	07					(1500)	Herdgebiet
I	ZE	e		59	18						nach BCIS:
	E	e	01	01	24						Ägäisches
	Z	e(S)		01	34						Meer
	ZE	e		03	36						
	ZE	e		03	46						
	Z	e		04	17						
		F	01	15							
14. Mai	ZE	e(PKP)	04	40	56						
II	ZE	e		41	15						
		F	04	43							
14. Mai	ZNE	eP	06	41	12					2000	Herdgebiet
III	ZNE	iP		41	13						nach BCIS:
	ZNE	iPP		41	20						Nordküste
	E	e		41	29						von Kreta
	N	e		41	50						
	Z	e		42	19						
	N	e		42	42						
	ZNE	eiS		44	43						
	E	e		44	49						
	NE	e		44	57						
	ZE	e		45	03						
	N	eL		47	20						
		M_1		47	40	11	20	20			

Datum	Komp.	Phase	MGZ h	MGZ m	MGZ s	Periode Ts	Amplitude µm A_N	Amplitude µm A_E	Amplitude µm A_Z	Δ km	Bemerkungen
noch											
14. Mai		M_2		49	30	13	40	15			
III		F	07	10							
14. Mai	Z	e(PKP)	09	52	57						
IV	ZE	ePKP		53	04						
		F	09	54							
14. Mai	Z	ePKP	11	01	22						
V	Z	ePKP		01	25						
		F	11	02.5							
14. Mai	Z	e(PKP)	12	08	49						
VI	Z	e		09	05						
		F	12	10							
14. Mai	Z	ePKP	13	38	54					(15000)	Herdgebiet nach USCGS: Neue Hebriden
VII	Z	e(PP)		42	06						
	Z	e		43	11						
		F	13	45							
14. Mai	ZE	eP	19	25	42					(1550)	Herdgebiet nach BCIS: Ägäisches Meer
VIII	ZE	e		25	50						
	Z	e		25	55						
	E	e		26	03						
	E	e		26	28						
	ZN	e		29	30						
	NE	e		30	01						
		M_1		30	36	6	1	1			
		M_2		31	45	10		2			
		F	19	36							
16. Mai	ZE	ePKP	06	35	19					13800	h = ca. 60 km Herdgebiet nach USCGS: Neu-Britannien
	ZE	epPKP		35	39						
	Z	e		35	53						
	ZE	e		36	21						
	Z	e		36	44						
	Z	e		36	52						
	ZE	ePP		37	07						
	Z	e		37	23						
	Z	e		37	44						
	Z	e		38	20						

Datum	Komp.	Phase	MGZ h	MGZ m	MGZ s	Periode Ts	Amplitude µm A_N	A_E	A_Z	Δ km	Bemerkungen
noch											
16. Mai	Z	e		39	17						
	Z	e		40	21						
		F	06	45							
17. Mai	ZNE	ePg	05	46	10					(350)	Nach Prag:
I	ZNE	e		46	23						Sprengung
	E	e		46	28						
		F	05	47							
17. Mai	Z	e(P)	19	27	11						
II		F	19	28							
18. Mai	Z	e(PKP)	06	32	38						
I		F	06	33.5							
18. Mai	Z	e(P)	07	35	58						
II		F	07	36.5							
19. Mai	ZE	eP	15	25	55					4900	Herdgebiet
	ZE	e		25	59						nach USCGS:
	E	e		26	27						Ost-Afgha-
	E	e		26	45						nistan
	ZE	e		27	03						
	ZE	e		27	22						
	Z	ePP		27	43						
	ZE	ePP		27	50						
	ZE	e		28	12						
	E	e		29	14						
	Z	eS		32	39						
	Z	e		33	03						
		M		50	00	12					
		F	16	15							
20. Mai	ZN	e	14	44	25					(800)	Herdgebiet
I	ZE	e		44	38						nach BCIS:
	ZNE	eSg		44	45						Westalpen,
	NE	e		44	51						Frankreich
	E	e		45	15						
		F	14	46							
20. Mai	Z	eP	16	41	01					(1900)	Herdgebiet
II	Z	e		41	22						nach BCIS: Dodekanes

Datum	Komp.	Phase	MGZ h	m	s	Periode Ts	Amplitude μm A_N	A_E	A_Z	Δ km	Bemerkungen
noch											
20. Mai	Z	e(S)		44	27						
II		M		48	30	10					
		F	17	00							
20. Mai	ZE	eP	19	47	05						
III	Z	e		47	22						
	E	e		47	40						
	E	e		48	18						
	Z	e		48	31						
		F	im folgenden Beben								
20. Mai	ZE	eiP	19	54	19					2500	Herdgebiet nach BCIS: Kaukasus, UdSSR
IV	ZNE	e		54	28						
	Z	ePP		54	40						
	ZNE	e(PPP)		55	05						
	Z	e		56	31						
	E	e		57	08						
	E	e		58	14						
	ZE	eS		58	30						
	Z	e		58	45						
	N	e		59	13						
	Z	e(SS)		59	27						
	Z	e		59	51						
		F	20	(45)							
21. Mai	Z	e	07	03	32						
I		F	07	04							
21. Mai	ZNE	e	10	21	38						
II	ZNE	e		21	44						
	ZE	i		21	48						
		F	10	23							
21. Mai	Z	e(PKP)	11	52	(12)					(1_000)	Herdgebiet nach USCGS: Grenzgebiet Chile - Argentinien
III	Z	e(PP)		53	00						
	Z	e		57	06						
		M	12	35	00	20					
		F	13	00							
22. Mai	Z	e(P)	08	42	04						
I	Z	e		42	22						
		F	08	43							

Datum	Komp.	Phase	MGZ h	m	s	Periode Ts	Amplitude µm A_N	A_E	A_Z	Δ km	Bemerkungen
22. Mai	ZNE	ePg	09	00	16					ca.125	Vermutlich Sprengung
II	N	e		00	31						
	ZNE	iSg		00	32						
	N	i		00	34						
	E	i		00	51						
		F	09	01.2							
24. Mai	Z	ePKP	04	57	58						
I	Z	ePKP		58	03						
		F	04	59							
24. Mai	ZE	eP	11	38	57						
II	ZE	e		39	06						
	ZE	e		39	15						
	Z	e		40	30						
		F	11	41							
24. Mai	Z	eP	13	23	13						
III	Z	e		23	18						
	Z	e(S)		26	(12)						
		M		30	00	14					
		F	13	45							
24. Mai	ZNE	eiP	19	30	23					9900	h = ca. 100 km
IV	ZE	ipP		30	44						Herdgebiet nach USCGS:
	NE	ei		30	52						Mexico
	ZN	ei		31	40						(17 1/2° N, 97° W)
	ZE	eiPP		33	48						
	ZE	eipPP		34	11						
	Z	e(PPP)		36	17						
	Z	e		36	33						
	Z	e		37	36						
	Z	e		38	13						
	N	e		40	06						
	ZE	eS		40	42						
	ZNE	e(ScS)		41	05						
	ZNE	e		41	28						
	E	e(PS)		42	25						
	E	e		45	50						
	ZNE	eSS		46	45						
	Z	e		48	52						
	Z	e		57	38						

Datum	Komp.	Phase	MGZ			Periode	Amplitude μm			Δ	Bemerkungen
			h	m	s	Ts	A_N	A_E	A_Z	km	
noch											
24. Mai		M_1	20	08	00	23	10	11			
IV		M_2		12	30	19	7	6	20		
		F	22	00							
25. Mai	Z	e(PKP)	05	22	45						
		F	05	23.2							
26. Mai	ZNE	eiP	04	25	24					9200	Herigebiet nach USCGS: Riu-Kiu-Inseln
I	NE	e		25	34						
	E	e		26	00						
	Z	e		26	15						
	Z	e(PP)		28	37						
	Z	e		29	01						
	E	e(S)		35	(38)						
		F	04	37							
26. Mai	Z	eP	05	38	30						
II	Z	e		39	13						
		F	05	40							
26. Mai	ZE	e(P)	06	44	02					(4800)	Herdgebiet nach USCGS: Afghanistan
III	ZE	e		44	07						
	Z	e		44	26						
	Z	e		44	45						
	E	e		45	30						
	ZE	e(PP)		45	46						
	E	e		46	08						
	Z	e		46	47						
		F	06	48							
26. Mai	ZNE	i	11	59	56						Örtliche Sprengung
IV	NE	i		59	57						
	NE	i		59	59						
		F	12	00.5							
27. Mai	Z	e	16	02	(06)						Sprengung?
I	NE	e		02	10						
	ZNE	e		02	12						
	NE	e		02	36						
		F	16	03.2							

Datum	Komp.	Phase	MGZ h	MGZ m	MGZ s	Periode Ts	Amplitude μm A_N	Amplitude μm A_E	Amplitude μm A_Z	Δ km	Bemerkungen
27. Mai II	ZE	ePn	20	40	(25)					900	Herdgebiet nach BCIS: Grenzgebiet Ungarn - Rumänien
	ZNE	e		40	28						
	Z	e		40	36						
	E	e(Pg)		40	51						
	ZNE	ePg		41	02						
	Z	e		41	14						
	N	e		41	36						
	ZE	eSn		41	50						
	NE	e		42	13						
	N	e		42	25						
	N	e		42	31						
	NE	eiSg		42	45						
	E	i		42	52						
		M		43	50	(2)	1	1			
		F	20	52							
29. Mai I	Z	ePKP	11	02	13					16000	h = ca. 100 km Herdgebiet nach USCGS: Neue Hebriden
	ZNE	ePKP		02	15						
	Z	e		02	19						
	ZE	e		02	32						
	Z	epPKP		02	39						
	Z	e		03	01						
	Z	e		03	33						
	E	e		04	07						
	Z	e		04	18						
	N	e		04	31						
	Z	e(PP)		05	41						
	Z	e(pPP)		06	30						
	Z	e		08	45						
	Z	e		13	12						
	Z	e		18	14						
	Z	e		19	18						
	Z	e		26	00						
		F	12	45							
29. Mai II	NE	e	13	00	16						Vermutlich mehrere Sprengungen
	NE	i		00	20						
	NE	i		00	23						
	ZE	i		00	25						
	ZNE	i		00	26						
		F	13	01.5							
31. Mai	Z	e(PKP)	09	47	(16)						
I											

Datum	Komp.	Phase	MGZ h	m	s	Periode Ts	Amplitude µm A_N	A_E	A_Z	Δ km	Bemerkungen
noch											
31. Mai	Z	ePKP		47	19						
I	Z	ePP		49	13						
	Z	e		49	39						
	Z	e		50	51						
		F	im Streifenwechsel								
31. Mai	ZE	eP	12	18	32					(1300)	Herdgebiet nach BCIS: Rumänien
II	ZE	e		18	42						
	E	e		18	52						
	Z	e		19	18						
	ZE	e(S)		20	27						
	E	e		20	44						
	ZE	e		21	10						
		M		23	10	(4)	1				
		F	12	35							
31. Mai	Z	ePKP	15	41	42						
III		F	15	42							
Juni											
1. Juni	Z	ePKP	12	50	45						
I	Z	ePKP		50	47						
		F	12	51							
1. Juni	Z	ePKP	17	26	19					(14000)	Herdgebiet nach USCGS: Salomon-Inseln
II	Z	e		27	28						
	Z	ePP		28	19						
	Z	e		29	04						
		F	17	30							
2. Juni	Z	eP	00	59	38						
I	Z	e		59	48						
	Z	e	01	00	06						
	Z	e		01	04						
	Z	e		03	27						
		M		40	30	16	1.5				
		F	01	50							
2. Juni	Z	eP	02	50	26					9500	Herdgebiet nach USCGS: Batan-Inseln
II	Z	e		50	36						

Datum	Komp.	Phase	MGZ			Periode	Amplitude μm			Δ	Bemerkungen
			h	m	s	Ts	A_N	A_E	A_Z	km	
noch											
2. Juni	ZE	e		50	48						
II	Z	e		51	08						
	Z	e		51	23						
	Z	e		51	56						
	Z	e		52	11						
	Z	e		52	34						
	Z	e		53	16						
	Z	e(PP)		53	50						
	Z	e(PP)		54	13						
	Z	eS	03	01	09						
	Z	e		02	19						
		M_1		31	30	14	1				
		M_2		35	00	14	1				
		F	03	40							
2. Juni	Z	ePKP	03	43	07					17000	Herdgebiet nach USCGS: Tonga-Inseln
III	Z	e		43	16						
	Z	e		43	27						
	Z	e		43	50						
	Z	e(PP)		47	(03)						
	Z	ePP		47	18						
		F	im folgenden Beben								
2. Juni	Z	ePKP	03	51	48					17000	Herdgebiet nach USCGS: Tonga-Inseln
IV	Z	e		51	57						
	Z	e		52	05						
	Z	e		52	11						
	Z	e		52	37						
	Z	e		53	20						
	Z	e(PP)		55	41						
	Z	ePP		55	52						
	Z	e		56	29						
		F	im folgenden Beben								
2. Juni	Z	ePKP	04	12	00					17000	Herdgebiet nach USCGS: Tonga-Inseln
V	Z	e		12	09						
	Z	e		12	21						
	Z	e		12	35						
	Z	e		12	55						
	Z	e(PP)		15	53						
	Z	ePP		16	05						

Datum	Komp.	Phase	MGZ h	m	s	Periode Ts	Amplitude μm A_N	A_E	A_Z	Δ km	Bemerkungen
noch											
2. Juni	Z	e		16	30						
V		F	im folgenden Beben								
2. Juni	Z	eP	05	09	57					9500	Herdgebiet nach USCGS: Batan-Inseln
VI	Z	e		10	02						
	Z	e		10	13						
	Z	e		10	41						
	Z	e		11	30						
	Z	e		11	47						
	Z	e(PP)		13	20						
	Z	ePP		13	32						
	Z	eS		20	28						
		M_1		47	00	17	15	6.5			
		M_2		50	00	14	4.5	2			
		M_3		53	30	14	4.5	1			
		F	06	00							
2. Juni	Z	ePKP	06	01	05					(13200)	Herdgebiet nach USCGS: Grenzgebiet Chile - Argentinien
VII	Z	e		01	19						
	Z	e(PP)		02	18						
	Z	e		02	27						
		F	06	04							
2. Juni	Z	e(PKP)	13	04	29						
VIII	Z	e		04	38						
	Z	e		04	56						
	Z	e		05	24						
		F	13	07							
3. Juni	Z	eP	05	55	22						
I	Z	e		55	34						
		F	05	57							
3. Juni	N	eSg	23	36	34					(260)	Herdgebiet nach BCIS: Gegend von Heidelberg, Deutsche Bundesrepublik
II	NE	e		36	40						
		F	23	37							
4. Juni	Z	e(P)	02	10	33						
I	Z	e		10	40						
		F	02	12							

Datum	Komp.	Phase	MGZ h	MGZ m	MGZ s	Periode Ts	Amplitude μm A_N	Amplitude μm A_E	Amplitude μm A_Z	Δ km	Bemerkungen
4. Juni	Z	eP	12	42	52						
II	Z	epP		43	30						
		F	12	44.5							
4. Juni	Z	ePKP	22	12	05						
III	Z	e		12	15						
		F	22	13							
5. Juni	Z	e(P)	20	50	(21)						
	Z	e		50	34						
		F	20	51							
6. Juni	ZNE	e(Sg)	01	24	45					(450)	Herdgebiet nach BCIS: Schweiz
	ZNE	e		24	52						
	E	e		25	04						
		F	01	26							
7. Juni	ZN	eP	13	49	21					6200	Herdgebiet nach USCGS: Atlantik
I	N	e		49	24						
	N	e		49	35						
	N	e		50	05						
	NE	e		50	41						
	N	ePP		51	14						
	N	e(PPP)		52	12						
	N	eS		57	17						
		M	14	17	30	14	1				
		F	14	30							
7. Juni	NE	e(PKP)	17	56	20						
II	E	e		56	44						
		F	17	58							
10. Juni	ZNE	eP	04	20	11					2000	Herdgebiet nach BCIS: Nordküste von Kreta
I	ZNE	e		20	19						
	E	e		20	23						
	Z	e		20	30						
	E	e		20	34						
	E	e		20	48						
	E	e		21	13						
	Z	e		21	16						
	ZNE	eS		23	33						
	E	e		23	53						

Datum	Komp.	Phase	MGZ			Periode	Amplitude μm			Δ	Bemerkungen
			h	m	s	Ts	A_N	A_E	A_Z	km	
noch											
10. Juni	NE	e		24	09						
I		M_1		26	30	7	1.5	1			
		M_2		28	25	7	1.5				
		F	04	40							
10. Juni	Z	eP	06	46	39						
II	Z	e		46	50						
		F	06	47							
11. Juni	Z	e(PKP)	01	29	30						
I		F	01	30							
11. Juni	Z	eP	08	31	(44)						
II	Z	e		31	51						
		F	08	32.2							
11. Juni	Z	eP	21	13	(06)						
III	ZE	e		13	13						
	E	e		13	34						
		F	21	15							
12. Juni	Z	e(P)	00	57	56						
I	Z	e		58	10						
		F	00	59							
12. Juni	ZNE	ePg	16	01	27					150	Nach Stuttgart: Sprengung Nähe Göttingen
II	NE	e		01	36						
	ZNE	e		01	46						
	NE	eSg		01	49						
		M		01	52	1		0.5			
		F	16	02.5							
13. Juni	ZNE	eP	12	06	46					2300	Herdgebiet nach BCIS: Südküste der Türkei
I	NE	e		06	55						
	ZE	e(PP)		07	05						
	NE	e		07	28						
	E	e		07	41						
	E	eS		10	16						
		F	12	12							
13. Juni	ZNE	eiPn	21	57	53					530	Herdgebiet nach BCIS:
II	E	i		57	58						

Datum	Komp.	Phase	MGZ			Periode	Amplitude μm			Δ	Bemerkungen
			h	m	s	Ts	A_N	A_E	A_Z	km	
noch											
13. Juni II	ZN	i		58	02						Venetianer Alpen (46° 15' N, 12° 34' E)
	E	i		58	06						
	ZE	iPg		58	10						
	E	i		58	12						
	E	i		58	14						
	NE	i		58	18						
	NE	i		58	24						
	NE	i(Sn)		58	36						
	ZN	iSn		58	40						
	NE	i		58	45						
	ZE	i		58	57						
	NE	i		59	04						
	ZNE	iSg		59	15						
		M		59	20	1.5	6	12			
		F	22	06							
14. Juni I	ZE	eP	00	25	39					11000	h = ca. 100 km Herdgebiet nach USCGS: Südwest-Bolivien (20 1/2° S, 68° W)
	ZE	e		25	46						
	Z	epP		26	08						
	Z	e		26	49						
	Z	e		27	37						
	Z	e		28	21						
	ZNE	ePP		29	39						
	Z	e		30	14						
	Z	ePPP		31	30						
	ZNE	eSKS		36	04						
	ZNE	eS		37	00						
	ZE	e(PS)		38	30						
	Z	e		39	13						
	NE	e		39	24						
	ZE	e		40	08						
	Z	e		41	10						
	Z	e		42	13						
	Z	e		42	42						
	ZNE	eSS		43	40						
	ZE	e		44	39						
	ZNE	e(SSS)		47	20						
	N	e		49	12						
	E	e		50	06						
	N	e		50	35						
	E	e		51	44						

Datum	Komp.	Phase	MGZ h	MGZ m	MGZ s	Periode Ts	Amplitude μm A_N	Amplitude μm A_E	Amplitude μm A_Z	Δ km	Bemerkungen
noch											
14. Juni	E	eL	01	00	00						
I		M_1		09	00	20		15	25		
		M_2		12	30	18	6	9			
		C				15-17					
		F	03	00							
14. Juni	Z	ePKP	15	16	48						
II	Z	e		17	03						
		F	15	18							
14. Juni	Z	e(P)	16	28	10						
III	Z	e		28	24						
	Z	e		28	37						
		F	16	30							
14. Juni	Z	e(PKP)	21	21	52						
IV	Z	e		22	03						
		F	21	23							
15. Juni	Z	e(P)	02	51	17						
I	Z	e		51	48						
		F	02	53							
15. Juni	ZNE	i	12	01	40						Örtliche Sprengung
II	ZNE	i		01	41						
	NE	i		01	43						
		F	12	02.2							
16. Juni	Z	e	00	36	24					(1340)	Herdgebiet nach BCIS: Bulgarien
I	Z	e		36	54						
	N	e		38	03						
	N	e		38	15						
	E	e		38	22						
	Z	e		38	27						
		F	00	40							
16. Juni	ZE	ePn	03	30	48					950	Herdgebiet nach BCIS: Jugoslawien
II	ZNE	e		30	54						
	ZN	e		31	21						
	ZE	ePg		31	45						
	ZNE	e		32	16						

Datum	Komp.	Phase	MGZ h	MGZ m	MGZ s	Periode Ts	Amplitude μm A_N	Amplitude μm A_E	Amplitude μm A_Z	Δ km	Bemerkungen
noch											
16. Juni	NE	eSn		32	40						
II	ZNE	eSg		33	23						
		M		33	40	1.5	0.2	0.3			
		F	03	40							
17. Juni	ZE	eP	12	34	49					(1200)	Herdgebiet nach BCIS: Grenzgebiet Albanien - Jugoslawien
	Z	e		35	22						
	Z	e		36	05						
	E	e		36	10						
	NE	e		36	25						
	E	e(S)		36	50						
		F	12	42							
18. Juni	Z	ePKP	07	10	48						
I	Z	e		10	53						
	Z	e		11	02						
	Z	e		11	30						
		F	07	13							
18. Juni	ZNE	ePg	13	12	27					ca. 50	Vermutlich Sprengung
II	NE	eSg		12	33						
	ZNE	i		12	38						
		F	13	13.2							
18. Juni	ZN	eP	15	42	50					8000	Herdgebiet nach USCGS: Ostküste von Kamtschatka
III	ZE	e		42	56						
	ZE	e		43	04						
	Z	e		43	31						
	Z	e(PP)		45	33						
	ZN	e		47	41						
	NE	e(S)		52	08						
	NE	eS		52	20						
	E	e(PS)		53	00						
	NE	e(SS)		57	24						
	NE	e	16	00	40						
	NE	eL		04	00						
		M_1		12	00	24	50	55	30		
		M_2		17	30	14	25	10	20		
		M_3		20	30	15	25		20		
		M_4		23	30	13		8	40		
		C				13-16					
		F	17	15							

Datum	Komp.	Phase	MGZ			Periode	Amplitude µm			Δ	Bemerkungen
			h	m	s	Ts	A_N	A_E	A_Z	km	
19. Juni	Z	e(P)	01	50	48						
I	Z	e		51	11						
		F	01	53							
19. Juni	Z	ePKP	06	14	(34)						
II	Z	e		14	48						
		F	06	15.5							
20. Juni	ZE	e(P)	14	24	40						
I	ZE	e		24	46						
	E	e		25	22						
		F	14	26							
20. Juni	ZE	eP	16	50	20						
II	Z	e		51	13						
		F	16	54							
21. Juni	Z	e(PKP)	11	32	37						
I		F	11	33							
21. Juni	Z	e	16	18	07						
II		F	16	19							
21. Juni	E	e	21	00	(06)						Vermutlich Sprengung
III	E	e		00	12						
	ZE	e		00	16						
	E	i		00	17						
		F	21	01							
22. Juni	Z	e(PKP)	14	26	23						
		F	14	27							
23. Juni	Z	e	10	53	(37)						
I	Z	e		53	42						
		M	11	17	00	(8)					
		F	11	30							
23. Juni	ZNE	i	12	01	26						Örtliche Sprengung
II	NE	i		01	27						
	ZNE	i		01	29						
		F	12	02							

Datum	Komp.	Phase	MGZ h	m	s	Periode Ts	Amplitude μm A_N	A_E	A_Z	Δ km	Bemerkungen
23. Juni III	ZNE	ePg	13	01	20					ca. 50	Vermutlich Sprengung
	NE	iSg		01	26						
	N	i		01	28						
	ZNE	i		01	31						
		F	13	02							
23. Juni IV	Z	eP	14	47	14						
	Z	e		47	22						
	Z	e		47	47						
	Z	e		49	19						
		M	15	25	30	(14)					
		F	15	40							
24. Juni	Z	e	02	49	48						
	Z	e		50	09						
		F	02	51							
25. Juni I	ZE	eP	03	20	48						
	Z	e		21	21						
	Z	e		22	47						
		F	03	24							
25. Juni II	ZNE	eP	06	52	06					2600	Herdgebiet nach USCGS: Südlich von Island
	ZNE	e		52	12						
	ZE	e		52	40						
	NE	e		52	50						
	Z	e		53	13						
	ZNE	e		53	22						
	Z	e		55	11						
	ZNE	eS		56	26						
	Z	e		56	42						
	NE	e		57	15						
	NE	eL		59	00						
		M_1	07	03	00	12	1.5	2	8		
		M_2		05	00	12		1.5			
		M_3		07	00	12	1.5				
		F	07	15							
26. Juni I	ZE	e	05	15	12						
	ZE	e		15	19						
	Z	e		16	17						
		F	05	17							

Datum	Komp.	Phase	MGZ			Periode	Amplitude µm			Δ	Bemerkungen
			h	m	s	Ts	A_N	A_E	A_Z	km	
26. Juni	Z	e(PKP)	05	44	43						
II		F	05	45							
26. Juni	Z	e	13	45	(30)						
III	Z	e		46	07						
	Z	e		46	29						
	ZE	e		47	24						
		F	13	48							
26. Juni	Z	e(PKP)	22	43	56						
IV		F	22	45							
27. Juni	Z	ePKP	19	24	17					17800	h = ca. 100 km
I	Z	epPKP		24	36						Herdgebiet nach USCGS: Südlich der Kermadec-Inseln
	ZNE	e(sPKP)		25	03						
	Z	e		25	20						
	Z	e		25	34						
	Z	e		25	52						
	Z	e		26	08						
	Z	e		27	36						
	Z	e		28	25						
	Z	e		28	40						
	Z	e		29	31						
	Z	e		30	40						
	ZE	e		32	11						
	E	e		33	16						
	Z	e		35	41						
		M	20	43	00	(14)	1.5	2			
		F	21	00							
27. Juni	ZE	eP	19	19	54					5100	Herdgebiet nach USCGS: Grenzgebiet China - UdSSR
II	ZNE	ei		20	01						
	NE	e		20	10						
	Z	ePP		21	27						
	Z	e(PPP)		22	02						
	Z	e		22	13						
	NE	e		22	20						
	ZE	e		22	48						
	ZN	e		23	09						
	Z	e		23	36						
		F	im vorhergehenden Beben								

Datum	Komp.	Phase	MGZ h	MGZ m	MGZ s	Periode Ts	Amplitude μm A_N	A_E	A_Z	Δ km	Bemerkungen
28. Juni	Z	eP	04	28	14						
I	Z	e		28	26						
		F	04	30							
28. Juni	Z	e	06	05	(23)						
II	Z	e		05	26						
	Z	e		06	35						
		F	06	07							
28. Juni	Z	ePKP	06	43	14						
III		F	06	44							
28. Juni	Z	e(P)	19	58	21					12200	Herdgebiet nach USCGS: Banda-See
IV	Z	e	20	00	53						
	Z	e		01	19						
	Z	e(PKP)		01	57						
	E	e		02	10						
	ZE	ePP		02	27						
	Z	e		03	09						
	Z	e		04	34						
	Z	e		07	26						
		F	20	30							
28. Juni	Z	e	20	13	09						
V	Z	e		13	27						
29. Juni	Z	ePKP	07	35	15					(14000)	Herdgebiet nach USCGS: Salomon-Inseln
	Z	e(PP)		37	33						
	Z	e		38	30						
	Z	e		42	37						
		M	08	36	00	(20)					
		F	09	00							
30. Juni	Z	e(PKP)	10	43	(27)					(17800)	Herdgebiet nach USCGS: Kermadec-Inseln
	Z	e		44	07						
	Z	e		44	20						
	Z	ePP		48	03						
		F	10	49							

Datum	Komp.	Phase	MGZ h	MGZ m	MGZ s	Periode Ts	Amplitude μm A_N	Amplitude μm A_E	Amplitude μm A_Z	Δ km	Bemerkungen
Juli											
1. Juli	Z	eP	02	39	46					9800	h = ca. 550 km
	ZE	ei		39	48						Herdgebiet nach USCGS: Bonin-Inseln
	Z	epP		41	42						
	Z	e		42	33						
	Z	e(PP)		42	54						
	Z	e		43	20						
	Z	e(pPP)		45	10						
	ZE	eS		49	25						
	ZE	ePS		50	54						
	Z	e		51	38						
	Z	e		52	33						
	Z	e		53	19						
	Z	e		54	10						
		F	03	00							
2. Juli I	Z	ePKP	11	46	21						
	ZE	eiPKP		46	25						
	E	e		46	37						
		F	11	48							
2. Juli II	Z	ePKP	11	52	56						
	ZE	eiPKP		53	01						
	Z	e		53	04						
	E	e		53	13						
	Z	e(pPKP)		55	19						
	Z	e		55	48						
		F	11	57							
3. Juli I	E	ePg	04	59	(59)					500	Herdgebiet nach BCIS: Schweiz
	ZE	e	05	00	(08)						
	ZE	e		00	(24)						
	E	e		00	(30)						
	ZE	e		00	(44)						
	ZE	eSg		00	(59)						
	Z	i		01	(05)						
	E	i		01	(09)						
	E	i		01	(16)						
		F	05	03							
3. Juli II	Z	eP	05	32	(24)						
	Z	e		32	(37)						

Datum	Komp.	Phase	MGZ h	m	s	Periode Ts	Amplitude µm A_N	A_E	A_Z	Δ km	Bemerkungen
noch											
3. Juli	Z	e		32	(42)						
II		F	05	34							
3. Juli	ZNE	ePg	15	01	27					120	Nach Göt-
III	N	e		01	31						tingen:
	NE	e		01	34						Sprengung
	N	e		01	39						bei Gers-
	ZNE	iSg		01	43						feld, Rhön
	ZE	i		01	47						
	E	i		01	50						
		F	15	04							
3. Juli	ZNE	e(Pg)	16	03	57					ca.130	Vermutlich
IV	ZNE	ei		04	04						Sprengung
	NE	e		04	08						
	ZNE	iSg		04	13						
	NE	i		04	14						
		M		04	16	0.8	2	1.5			
		F	16	06							
3. Juli	Z	ePKP I	18	14	41					15700	Herdgebiet
V	Z	e		14	45						nach USCGS:
	Z	e		14	49						Neue
	ZN	e		15	22						Hebriden
	ZNE	iPKP II		15	28						(16° S,
	Z	e		16	05						172 1/2° E)
	Z	e		16	17						2 Beben im
	Z	e		16	44						Zeitabstand
	ZE	ePP I		17	24						von 43 s
	Z	e		17	53						(USCGS)
	ZN	e(PP)II		18	17						
	ZNE	e		18	27						
	NE	e		19	04						
	Z	e		19	33						
	Z	e		20	32						
	Z	e		21	09						
	Z	e		21	27						
	Z	e		23	03						
	Z	e		23	39						
	NE	e		25	24						
	ZN	e		29	53						

Datum	Komp.	Phase	MGZ h	MGZ m	MGZ s	Periode Ts	Amplitude μm A_N	Amplitude μm A_E	Amplitude μm A_Z	Δ km	Bemerkungen
noch											
3. Juli	NE	e(SSS)		42	36						
V	NE	eL	19	03	00						
		M		16	00	24	10	6	35		
		F	20	00							
4. Juli	Z	ePKP	05	14	05					17200	h = ca. 100 km
I	Z	e		14	16						Herdgebiet nach USCGS: Tonga-Inseln
	Z	epPKP		14	41						
	Z	e		15	27						
	Z	ePP		17	47						
		F	05	19							
4. Juli	Z	e	15	26	(26)					(570)	Herdgebiet nach BCIS: Sprengung an der belgischen Küste
II	ZE	e		26	44						
	E	e		26	57						
	Z	eSg		27	22						
	ZE	eSg		27	28						
	Z	e		27	45						
		F	15	29							
5. Juli	Z	e	15	30	09						
	E	e		30	12						
	ZE	e		30	18						
		F	15	31							
6. Juli	ZE	eP	09	23	09					11100	h = ca. 600 km
I	E	e		23	14						Herdgebiet nach USCGS: Provinz Chaco, Argentinien
	ZE	epP		25	25						
	Z	e		26	23						
	ZNE	ePP		27	23						
	ZE	ePP		27	27						
	ZNE	ePPP		29	42						
	ZNE	e		31	45						
	ZNE	eSKS		32	49						
	NE	e		33	27						
	E	e(S)		33	44						
	N	e		33	55						
	N	e		34	36						
	N	e		35	07						
		weiter im folgenden Nachstoß									

Datum	Komp.	Phase	MGZ h	m	s	Periode Ts	Amplitude μm A_N	A_E	A_Z	Δ km	Bemerkungen
6. Juli	Z	eP	09	36	19						2. Stoß
II	ZE	epP		38	34						Prov. Chaco,
	Z	e		39	36						Argentinien
	ZNE	ePP		40	33						
	Z	e		42	25						
	NE	eSKS		46	00						
	N	e		46	28						
	NE	e		46	38						
	NE	e(S)		47	04						
	N	e		48	03						
	ZE	e		48	32						
	E	e		49	20						
	NE	e		50	03						
	ZNE	e		52	23						
	Z	e(SS)		54	15						
		F	11	00							
8. Juli	Z	e(P)	02	09	17						
I	Z	e		09	30						
		F	02	11							
8. Juli	ZE	eP	04	12	27						
II	Z	e		12	51						
		F	04	14							
9. Juli	Z	eP	16	18	57					11100	h = ca. 100 km
I	ZE	epP		19	25						Herdgebiet
	Z	eipP		19	29						nach USCGS:
	Z	e		19	35						Grenzgebiet
	E	e		19	51						Chile -
	ZE	ePP		22	56						Bolivien
	E	e		23	14						
	E	epPP		23	30						
	Z	e		23	42						
	Z	e		24	30						
	ZE	eSKS		29	27						
	ZE	eS		30	24						
	Z	e(PS)		31	50						
	Z	e		35	30						
		F	17	15							
9. Juli	Z	e	16	35	18						
II	Z	e		35	44						

Datum	Komp.	Phase	MGZ			Periode	Amplitude μm			Δ	Bemerkungen
			h	m	s	Ts	A_N	A_E	A_Z	km	
10. Juli	Z	e	20	32	16						
	Z	e		32	27						
		F	20	34							
11. Juli I	Z	e	12	16	(09)						
	Z	e		19	06						
	Z	e(PP)		20	20						
		M	13	11	00	16	1.5	1.5			
		F	13	30							
11. Juli II	ZE	eP	18	35	01						
	E	e		35	23						
	E	e		35	33						
	E	e		36	18						
		F	18	38							
12. Juli	ZE	ePKP	00	43	22					(16400)	(h = ca. 400 km) Herdgebiet nach USCGS: Fidschi-Inseln
	ZE	e		43	26						
	E	e		43	38						
	ZE	e		43	49						
	ZE	e(pPKP)		45	00						
	Z	e		46	09						
	Z	e		46	17						
	Z	ePP		46	55						
		F	00	48							
13. Juli I	ZE	eP	12	40	43					(8600)	Herdgebiet nach USCGS: Aleuten
	E	e		40	51						
	Z	e		40	54						
	ZE	e		41	05						
	Z	e		41	24						
	Z	e		42	28						
	Z	e		43	00						
	NE	e(S)		50	30						
	NE	e		51	16						
		F	12	52							
13. Juli II	Z	e(P)	24	12	08						
		F	24	13							
14. Juli I	Z	eP	08	52	49						
	Z	e		53	15						

Datum	Komp.	Phase	MGZ			Periode	Amplitude μm			Δ	Bemerkungen
			h	m	s	Ts	A_N	A_E	A_Z	km	
noch											
14. Juli	Z	e		53	48						
I		F	08	55							
14. Juli	Z	e(P)	11	45	13						
II	Z	e		45	31						
		F	11	47							
14. Juli	Z	ePKP	13	19	50						
III	Z	e		19	55						
		F	13	21							
14. Juli	Z	e(PKP)	18	33	33						
IV		F	18	34							
15. Juli	ZNE	e	11	04	51						Örtliche Sprengung
I	NE	i		04	52.5						
	NE	i		04	57.5						
		F	11	05.5							
15. Juli	ZE	e(Sn)	23	28	(15)					(500)	Herdgebiet nach BCIS: Italien (NE)
II	ZE	eSg		28	38						
	Z	e		28	47						
	E	e		28	53						
		F	23	29.5							
16. Juli	Z	e(P)	07	11	54						
I		F	07	12.5							
16. Juli	ZE	eP	15	29	31						
II	E	e		29	41						
	ZE	e		29	50						
	ZE	e		29	56						
	Z	e		30	06						
		F	15	31							
16. Juli	ZE	ePKP	19	33	34						
III	ZE	e		33	44						
	E	e		34	03						
	E	e		34	18						
	Z	e		34	30						
		F	19	35							

Datum	Komp.	Phase	MGZ h	MGZ m	MGZ s	Periode Ts	Amplitude μm A_N	Amplitude μm A_E	Amplitude μm A_Z	Δ km	Bemerkungen
17. Juli I	Z	ePKP	07	54	39						
	Z	e		54	46						
		F	07	55.5							
17. Juli II	ZE	e	13	18	46					(800)	Herdgebiet nach BCIS: Französische Westalpen
	ZE	e(Pg)		18	57						
	E	e		19	17						
	E	e		19	48						
	ZE	e		19	53						
	E	e		20	15						
	E	e		20	20						
	ZE	eSg		20	26						
		F	13	22							
18. Juli I	Z	e(PKP)	07	21	42						
		F	07	22.5							
18. Juli II	ZNE	eiP	20	07	43					9800	h = ca. 150 km Herdgebiet nach USCGS: Luzon, Philippinen
	ZE	i		07	44						
	NE	e		07	49						
	E	e		07	54						
	E	e		07	58						
	E	e		08	03						
	E	e		08	11						
	Z	epP		08	17						
	Z	e		08	41						
	E	e		08	47						
	Z	e		08	54						
	Z	e		10	39						
	ZE	ePP		11	11						
	ZN	e		11	42						
	NE	eSKS		17	58						
	ZNE	eS		18	18						
	ZNE	e(PS)		19	20						
	Z	e		22	15						
	NE	eSS		24	18						
	NE	e		31	00						
	N	eL		37	00						
		M_1		46	00	20-18	6.5	2			
		M_2		50	30	18	7				
		M_3		55	30	14	2	3	12		
		F	22	00							

Datum	Komp.	Phase	MGZ h	m	s	Periode Ts	Amplitude μm A_Z	A_N	A_E	Δ km	Bemerkungen
19. Juli	Z	e(P)	03	55	(42)					(10800)	Herdgebiet nach USCGS: Sunda-Straße
I	Z	e		55	57						
	Z	e(PP)		59	36						
	Z	e		59	56						
		F	04	01							
19. Juli	Z	e(PKP)	14	03	48						
II		F	14	04.5							
19. Juli	ZE	eP	15	19	21					10700	h = ca. 200 km
III	NE	e		19	28						
	Z	epP		20	08						Herdgebiet nach USCGS: Peru (15° S, 70.5^o W)
	ZNE	e(sP)		20	18						
	ZE	e		20	45						
	Z	e		21	10						
	Z	e		22	30						
	ZE	e		23	10						
	ZNE	ePP		23	18						
	Z	e		23	24						
	Z	e		24	00						
	ZE	epPP		24	08						
	Z	e		25	11						
	ZE	e		25	30						
	Z	e		26	09						
	ZNE	eiSKS		29	40						
	NE	e		30	22						
	ZNE	e		31	11						
	ZNE	e(sSKS)		31	36						
	ZNE	e		32	16						
	E	e		32	31						
	ZNE	e		32	55						
	N	e		34	05						
	ZNE	eSS		37	00						
	N	e		38	24						
	N	e		39	14						
	E	e		40	10						
		M_1		47	30	20	4.5				
		M_2		57	00	20	2	4.5			
		M_3		59	30	20	2	4.5	20		
		F	16	15							
20. Juli	Z	eP	02	54	02					11100	h = ca. 500 km
I	Z	epP		55	54						

Datum	Komp.	Phase	MGZ			Periode	Amplitude µm			Δ	Bemerkungen
			h	m	s	Ts	A_N	A_E	A_Z	km	
noch 20. Juli I	Z	e		56	55						Herdgebiet nach USCGS: Java-See
	Z	e		57	09						
	Z	e		57	31						
	Z	ePP		58	12						
	Z	e		59	04						
	Z	e(pPP)		59	50						
	Z	e	03	01	58						
	Z	e		03	24						
	ZE	eSKS		03	49						
	E	e		04	27						
	Z	e		06	21						
	Z	e		15	00						
		F	03	45							
20. Juli II	Z	ePKP	17	12	23					16800	h = ca. 600 km Herdgebiet nach USCGS: Fidschi-Inseln
	Z	e		12	30						
	Z	e		12	40						
	Z	e		13	08						
	Z	e(pPKP)		14	44						
	Z	e		15	36						
	Z	e(PP)		16	14						
		F	17	18							
21. Juli I	Z	ePKP	08	02	41					(15700)	Herdgebiet nach USCGS: Neue Hebriden
	Z	e		02	53						
	Z	ePP		05	26						
	Z	ePP		05	31						
	Z	e		06	11						
	Z	e		06	24						
	Z	e		07	26						
		F	im folgenden Beben								
21. Juli II	Z	e(P)	09	29	(04)						
	Z	e		29	25						
		F	09	40							
21. Juli III	Z	eP	12	42	06					9900	Herdgebiet nach USCGS: Mexico
	Z	e		43	40						
	Z	ePP		45	38						
	Z	e		45	50						
	Z	eS		53	10						
		F	14	00							

Datum	Komp.	Phase	MGZ h	MGZ m	MGZ s	Periode Ts	Amplitude µm A_N	Amplitude µm A_E	Amplitude µm A_Z	Δ km	Bemerkungen
21. Juli IV	Z	eP	13	16	30						
	Z	e(PP)		20	04						
22. Juli I	Z	e(P)	11	29	35						
	Z	e		29	48						
		F	11	31							
22. Juli II	ZNE	iP	19	34	37					8000	h = ca. 650 km Herdgebiet nach USCGS: Ochotskisches Meer
	NE	i		34	39						
	NE	e		35	07						
	Z	e		35	29						
	Z	epP		36	45						
	Z	ePP		37	39						
	Z	ePP		37	48						
	Z	e		39	06						
	ZNE	eS		43	03						
	Z	e(PS)		43	34						
	Z	e		43	48						
	Z	e		46	34						
	Z	e		51	20						
		M	20	22	30	18	2				
		F	20	45							
22. Juli III	Z	ePKP	23	21	24					13600	(h = ca. 60 km) Herdgebiet nach USCGS: Neu-Britannien
	Z	e(pPKP)		21	40						
	Z	e		21	44						
	Z	e		22	32						
	Z	e(PP)		23	03						
	Z	ePP		23	22						
	Z	e		23	43						
	Z	e		24	07						
	Z	e		25	24						
	Z	e(PPP)		26	06						
	Z	e		26	44						
	Z	e		27	33						
	Z	e		32	48						
	Z	e(PS)		33	22						
	Z	e		35	19						
	ZN	e(SSS)		45	00						
		M_1	24	07	30	20	4.5				
		M_2		16	30	20	4.5				

Datum	Komp.	Phase	MGZ h	MGZ m	MGZ s	Periode Ts	Amplitude μm A_N	Amplitude μm A_E	Amplitude μm A_Z	Δ km	Bemerkungen
noch 22. Juli III		M_3		19	00	20	4.5		20		
		M_4		21	30	20	4.5	2.5			
		F	25	30							
23. Juli I	Z	e(P)	04	00	52						
	Z	e		01	14						
		F	04	02							
23. Juli II	Z	ePKP₀	15	16	31					17000	(h = ca. 60 km) Herdgebiet nach USCGS: Tonga-Inseln
	ZE	e		16	38						
	Z	e(pPKP)		16	49						
	Z	e		17	09						
	Z	e		17	19						
	E	e		17	48						
	Z	e		18	40						
	Z	e		19	18						
	Z	ePP		20	20						
	Z	e		20	54						
	Z	e		24	15						
	Z	e		35	24						
		F	16	00							
23. Juli III	Z	eP	21	38	15						
	Z	e		38	27						
		F	21	39.5							
24. Juli I	Z	eP	01	35	28					9000	Herdgebiet nach USCGS: Nordküste von Kalifornien
	Z	e		35	33						
	Z	e		35	39						
	Z	e		36	19						
	Z	ePP		38	32						
	Z	e		42	(13)						
	Z	eS		45	39						
	Z	e(PS)		46	20						
	Z	e		49	48						
	Z	e(SS)		50	45						
	Z	e		55	(40)						
		M_1	02	07	30	22	5.5				
		M_2		09	30	19	6	6			
		M_3		12	30	18	3.5				
		M_4		14	30	18	3.5	3.5	20		
		F	03	00							

Datum	Komp.	Phase	MGZ h	MGZ m	MGZ s	Periode Ts	Amplitude µm A_N	Amplitude µm A_E	Amplitude µm A_Z	Δ km	Bemerkungen
24. Juli	Z	eP	02	56	41						
II	Z	e		56	57						
	Z	e		57	11						
		F	02	58							
24. Juli	E	e(Sg)	12	40	(16)					ca.170	Herdgebiet nach BCIS: NE von Dresden, DDR (51 1/4° N, 14° E)
III	ZNE	eSg		40	24						
	NE	e		40	33						
	ZE	e		40	38						
		F	12	41.5							
24. Juli	ZE	eiP	16	28	28						
IV	Z	e		29	06						
	Z	e		29	43						
		F	16	31							
25. Juli	Z	e(P)	19	35	15						
I		F	19	36							
25. Juli	Z	eP	21	32	44						
II	Z	e(pP)		33	06						
	Z	e		33	16						
		F	21	34							
26. Juli	Z	e(P)	17	10	35					(1650)	Herdgebiet nach BCIS: Nordwest-Türkei
I	Z	e		11	02						
	ZE	e		12	30						
	Z	e		13	12						
	Z	e		13	18						
	E	e(S)		13	26						
	E	e		13	42						
	Z	e		14	26						
	Z	e		14	53						
	Z	e		15	13						
	ZNE	e		15	26						
		M_1		18	00	8	2.5				
		M_2		18	30	8		3			
		F	17	22							
26. Juli	Z	e(P)	19	49	10						
II	Z	e		49	27						
		F	19	50							

Datum	Komp.	Phase	MGZ h	MGZ m	MGZ s	Periode Ts	Amplitude μm A_N	A_E	A_Z	Δ km	Bemerkungen
29. Juli	ZNE	i	12	15	37.5						Örtliche Sprengung
	NE	i		15	38.5						
	ZNE	i		15	40						
		F	12	16.2							
31. Juli	Z	eP	20	01	00					(4600)	Herdgebiet nach USCGS: Tadschikische SSR, UdSSR
	ZNE	ei		01	02						
	E	e		01	32						
	ZE	e(PP)		02	33						
	ZE	e		02	50						
	ZN	e		03	07						
	Z	e		04	07						
	E	e		05	22						
	N	e(S)		07	(18)						
		F	20	45							
August											
1. Aug.	Z	ePKP	10	35	42						
	Z	e		36	08						
	Z	e		37	12						
	Z	e		38	08						
		F	10	39							
4. Aug.	Z	ePKP	08	20	57					16500	h = ca. 600 km Herdgebiet nach USCGS: Fidschi-Inseln
	ZE	ei		21	03						
	ZE	i		21	05						
	Z	e		21	09						
	E	e		21	14						
	E	e		21	33						
	Z	epPKP		23	19						
	Z	e(sPKP)		24	15						
	Z	e(PP)		24	45						
		F	08	26							
5. Aug.	NE	e(Pg)	12	49	28					(ca.50)	Vermutlich Sprengung
	ZNE	iSg		49	34						
	N	i		49	36						
	ZE	i		49	38						
		F	12	50							

Datum	Komp.	Phase	MGZ h	MGZ m	MGZ s	Periode Ts	Amplitude µm A_N	Amplitude µm A_E	Amplitude µm A_Z	Δ km	Bemerkungen
6. Aug.	E	e(Pg)	16	12	(43)					(880)	Herdgebiet nach BCIS: Bosnien, Jugoslawien
	E	e		13	18						
	ZE	eSn		13	32						
	ZE	e		13	46						
	Z	e		14	08						
	E	eSg		14	14						
	ZE	eSg		14	20						
		F	16	16							
7. Aug. I	Z	e	01	58	(09)					(960)	Herdgebiet nach BCIS: Adria
	Z	e(Sn)		58	40						
	E	e		58	52						
	Z	e		59	13						
	ZE	eSg		59	26						
	E	e		59	40						
		F	02	02							
7. Aug. II	ZN	eP	10	55	00					8000	Herdgebiet nach USCGS: Insel Kodiak
	ZN	e		55	29						
	Z	e		56	10						
	Z	e(PP)		57	41						
	Z	e		59	52						
	ZNE	eS	11	04	(22)						
		F	11	06							
7. Aug. III	Z	e	11	00	01						
7. Aug. IV	ZNE	i	12	03	02						Örtliche Sprengung
	ZNE	i		03	03						
	ZNE	i		03	05						
		F	12	03.5							
7. Aug. V	ZNE	eP	21	56	54					8000	Herdgebiet nach USCGS: Insel Kodiak
	Z	e		57	01						
	E	e		57	13						
	ZN	e		57	28						
	Z	ePP		59	37						
	Z	e	22	01	24						
	ZE	eS		06	18						
	ZE	e		06	37						
		M		23	40	14					
		F	23	00							

Datum	Komp.	Phase	MGZ h	m	s	Periode Ts	Amplitude μm A_N	A_E	A_Z	Δ km	Bemerkungen
8. Aug.	ZNE	eP	00	59	03					7900	Herdgebiet
	E	e		59	12						nach USCGS:
	ZE	e		59	21						Ostküste von
	Z	e	01	00	50						Kamtschatka
	Z	e		01	32						
	Z	ePP		01	54						
	Z	e		02	12						
	Z	e		02	42						
	ZNE	eS		08	15						
	Z	e		08	36						
	Z	e		11	22						
		L_1		30	30	20	2	2.5			
		M_2		36	00	18	2				
		F	01	45							
9. Aug. I	Z	e(P)	04	59	(43)						
	Z	e		59	54						
	Z	e	05	00	03						
		F	05	02							
9. Aug. II	Z	ePKP	20	48	36					(14600)	h = ca. 100 km
	Z	epPKP		49	08						Herdgebiet
	Z	e		50	18						nach USCGS:
	Z	e(PP)		51	12						Salomon-
	Z	e		52	03						Inseln
	Z	e		52	40						
		F	20	54							
10. Aug. I	Z	e(PKP)	00	56	36						
	Z	e		56	52						
	Z	e	01	00	28						
		F	01	02							
10. Aug. II	Z	e(P)	21	53	19						
	ZE	e		53	30						
	Z	e		53	42						
		F	21	55							
10. Aug. III	Z	eP	23	18	33						
	ZE	e		18	39						
	E	e		18	53						
	E	e		19	20						
		F	23	21							

Datum	Komp.	Phase	MGZ h	MGZ m	MGZ s	Periode Ts	Amplitude μm A_N	Amplitude μm A_E	Amplitude μm A_Z	Δ km	Bemerkungen
11. Aug.	ZE	e(P)	14	25	06						
I	E	e		25	18						
	E	e		25	27						
	E	e		25	43						
		F	14	27							
11. Aug.	Z	eP	15	36	29						
II		F	15	37							
11. Aug.	Z	e(P)	18	20	18						
III	Z	e		20	22						
		F	18	21							
11. Aug.	E	e(Pg)	23	32	20					(ca. 1400)	Herdgebiet nach BCIS: Grenzgebiet Mazedonien - Jugoslawien
IV	E	e		32	27						
	Z	e		32	33						
	ZE	e		33	10						
	E	e(S)		33	28						
	E	e		33	58						
	ZE	e		34	27						
		F	23	39							
12. Aug.	Z	eP	01	37	09						
I	ZE	e		37	18						
	Z	e		37	32						
	E	e		37	45						
	E	e		37	57						
		F	01	39							
12. Aug.	Z	eP	04	16	12						
II	Z	e		16	16						
	Z	e		16	33						
		F	04	19							
12. Aug.	Z	ePKP	10	18	03					16000	Herdgebiet nach USCGS: Fidschi-Inseln
III	ZE	e		18	09						
	Z	e		18	17						
	Z	e		18	27						
	Z	e		19	28						
	ZE	e		19	52						
	E	e		20	18						
	Z	e		20	27						

Datum	Komp.	Phase	MGZ h	m	s	Periode Ts	Amplitude μm A_N	A_E	A_Z	Δ km	Bemerkungen
noch 12. Aug.	Z	e		20	45						
III	Z	ePP		21	12						
	ZE	e		22	15						
	Z	e		22	51						
	Z	e		23	29						
	Z	e		26	10						
	Z	e		33	51						
	Z	e		35	30						
	Z	e		38	21						
	Z	e(SS)		40	20						
		F	12	30							
13. Aug.	ZE	eP	00	39	00					3000	Herdgebiet nach BCIS: Kaspisches Meer, UdSSR
	Z	e		39	08						
	E	e		39	14						
	ZE	e(PPP)		40	03						
	ZE	e		40	17						
	E	e		40	55						
	Z	e		41	12						
	Z	e		42	23						
	Z	e(SSS)		45	36						
		F	00	48							
14. Aug.	Z	eP	04	53	17					(11600)	Herdgebiet nach USCGS: Molukken-Straße
	Z	e(PKP)		57	02						
	Z	ePP		57	46						
	Z	e		57	51						
		F	04	59							
15. Aug.	ZNE	eiP	09	09	36					9300	Herdgebiet nach USCGS: Süd-Formosa
I	NE	e		09	42						
	Z	e		09	47						
	Z	e		10	02						
	ZE	e		10	19						
	Z	e		10	34						
	N	e		12	16						
	ZE	ePP		13	00						
	Z	e		13	22						
	Z	e		13	58						
	Z	e(PPP)		14	51						
	NE	eS		19	58						

Datum	Komp.	Phase	MGZ h	m	s	Periode T s	Amplitude μm A_N	A_E	A_Z	Δ km	Bemerkungen
noch											
15. Aug.	NE	e(PS)		20	32						
I	NE	e		21	26						
	N	eSS		25	30						
	E	e		26	12						
	N	e		29	30						
	E	e		29	56						
	NE	eL		38	00						
		M_1		44	30	24	100	85			
		M_2		47	00	16	100	75			
		M_3		51	00	18	100		75		
		M_4		53	30	16	80		120		
		C				14-16					
		F	12	00							
15. Aug.	Z	ePKP	13	34	(17)						
II	Z	e		34	20						
	E	e		34	23						
	ZE	e		34	37						
	Z	e		35	17						
		F	13	37							
15. Aug.	ZE	e(P)	18	53	20						
III	ZE	e		53	31						
		F	18	55							
16. Aug.	Z	ePKP	01	11	21					(16000)	Herdgebiet nach USCGS: Loyalty-Inseln
I	Z	e		11	32						
	E	e		11	36						
	Z	e		11	41						
	E	e		11	50						
	Z	e		12	14						
	E	e		12	17						
	Z	e(PP)		14	47						
	Z	e		20	32						
		F	01	22							
16. Aug.	Z	eP	01	33	39						
II	E	e		33	45						
	ZE	e		34	02						
		M_1	02	16	30	15	1				
		M_2		18	30	16		1.5			
		F	02	25							

Datum	Komp.	Phase	MGZ			Periode	Amplitude μm			Δ	Bemerkungen
			h	m	s	Ts	A_N	A_E	A_Z	km	
16. Aug.	Z	e(PKP)	10	12	37						
III	Z	e		12	52						
	Z	e(pPKP)		14	09						
		F	10	15							
16. Aug.	ZNE	eP	18	45	45					(1700)	Herdgebiet nach BCIS: Süd-Griechenland
IV	ZE	e		45	52						
	E	e(PP)		45	58						
	E	e		46	03						
	Z	e		46	11						
	E	e		46	41						
	Z	e		48	25						
	N	e(S)		48	43						
	ZNE	e		49	03						
	E	e		49	31						
	Z	e		49	41						
		M		51	25	6-5	20	10			
		F	18	54							
17. Aug.	Z	eP	01	15	10						
I	Z	e		15	28						
	Z	e		18	10						
		F	01	20							
17. Aug.	Z	e	01	21	(17)						
II	Z	e		21	36						
	ZE	e		22	21						
		F	01	23							
17. Aug.	ZNE	ePn	01	36	01					1300	Herdgebiet nach BCIS: Süd-Albanien (41° N, $19\ 1/2^{o}$ E)
III	ZE	e		36	12						
	ZNE	e		36	15						
	ZE	e		36	19						
	ZNE	e		36	36						
	E	e		37	03						
	ZNE	ePg		37	09						
	E	i		37	21						
	ZNE	i		37	35						
	E	i		37	54						
	E	i		38	00						
	ZE	ei		38	15						
	N	eSn		38	26						

Datum	Komp.	Phase	MGZ h	MGZ m	MGZ s	Periode Ts	Amplitude µm A_N	Amplitude µm A_E	Amplitude µm A_Z	Δ km	Bemerkungen
noch											
17. Aug.	ZNE	eiSn		38	33						
III	NE	ei		38	52						
	ZN	ei		39	18						
	NE	iSg		39	36						
	ZN	i		39	48						
		M_1		40	05	4		12			
		M_2		40	25	5	15				
		F	01	55							
17. Aug.	Z	e	02	45	39						
IV	Z	e		45	48						
		F	02	47							
17. Aug.	ZE	ePn	04	31	48					(1300)	Nachstoß Albanien
V	ZN	e		32	08						
	Z	e(Pg)		32	52						
	Z	e		33	33						
	ZNE	eSn		34	05						
	E	e		34	33						
	NE	e		35	14						
	ZNE	eSg		35	33						
	ZNE	e		35	46						
	E	e		36	05						
		F	04	46							
17. Aug.	ZE	eP	08	37	49						
VI	E	e		38	01						
		F	08	39							
17. Aug.	ZNE	i	12	16	30						Örtliche Sprengung
VII	ZNE	i		16	31						
	ZNE	i		16	33						
		F	12	17.2							
17. Aug.	ZE	e	21	22	34					14200	Herdgebiet nach USCGS: Salomon-Inseln
VIII	ZE	ePKP		23	50						
	Z	e		23	59						
	Z	e		24	35						
	Z	e		25	38						
	ZNE	e		25	53						
	ZNE	ePP		26	07						

Datum	Komp.	Phase	MGZ h	MGZ m	MGZ s	Periode Ts	Amplitude µm A_N	Amplitude µm A_E	Amplitude µm A_Z	Δ km	Bemerkungen
noch 17. Aug. VIII	N	e		28	09						
	Z	e		28	42						
	E	e		33	15						
	ZNE	e		36	06						
	Z	e		36	30						
	ZNE	e		37	25						
	NE	e		38	12						
	Z	e		40	32						
	Z	e		41	30						
	E	eSS		43	16						
	E	e		48	20						
	NE	eL	22	07	00						
		M_1		09	30	26	15	25			
		M_2		11	30	26	20				
		M_3		22	00	18		15	40		
		M_4		25	30	16	5.5	5.5	30		
		C				14-16					
		F	24	00							
18. Aug. I	ZNE	eP	00	46	18					9400	(h = ca. 200 km) Herdgebiet nach USCGS: Formosa
	ZN	e		46	42						
	ZE	e		46	56						
	ZE	e(pP)		47	07						
	ZE	e		47	33						
	ZN	ePP		49	37						
	NE	eS		56	23						
		F	01	00							
18. Aug. II	Z	e(PKP)	05	58	22						
	Z	e		58	26						
	Z	e		58	54						
		F	06	00							
18. Aug. III	ZNE	eP	06	48	44					8100	Herdgebiet nach USCGS: Yellowstone-Park, USA
	ZNE	eiP		48	48						
	ZNE	i		48	57						
	ZE	e		49	19						
	Z	e		51	19						
	NE	ePP		51	28						
	ZE	e		51	45						
	ZNE	ePPP		53	16						

Datum	Komp.	Phase	MGZ h	m	s	Periode Ts	Amplitude μm A_N	A_E	A_Z	Δ km	Bemerkungen
noch											
13. Aug.	N	e		53	25						
III	NE	eS		58	11						
	NE	eS		58	19						
	N	e(PS)		58	41						
	Z	e	07	02	56						
	NE	eSS		03	24						
	ZNE	e		06	44						
	N	e		09	36						
	ZNE	eL		11	00						
		M_1		13	30	36	300	500	600		
		M_2		15	30	24		170	400		
		M_3		23	00	16	450	350	550		
		M_4		26	00	16	170	170	200		
		C				15-17					
		F	10	30							
18. Aug.	Z	e	08	07	45						
IV	Z	e		07	55						
18. Aug.	ZNE	eP	15	37	35					(3100)	Nachstoß Yellowstone-Park, USA
V	N	e		37	45						
	Z	e		37	54						
	NE	e		40	16						
	E	e		40	24						
	Z	e(PPP)		42	06						
	ZNE	eS		47	00						
	ZNE	ePS		47	29						
	Z	e		52	42						
	ZNE	e		55	24						
	NE	eL	16	00	00						
		M_1		04	30	24		10			
		M_2		08	30	18	5	9			
		F	17	15							
18. Aug.	ZE	e(Pn)	22	06	48					1300	Herdgebiet nach BCIS: Küste von Albanien
VI	ZE	e		07	03						
	E	e		07	35						
	E	ePg		07	41						
	Z	e		08	01						
	Z	e		08	32						

Datum	Komp.	Phase	MGZ h	m	s	Periode Ts	Amplitude µm A_N	A_E	A_Z	Δ km	Bemerkungen
noch 18. Aug.	ZNE	eSn		09	55						
VI	E	e		09	28						
	E	e		09	36						
	Z	e		09	43						
	N	e		09	51						
	N	e		09	56						
	Z	e		10	09						
	N	e		10	15						
	ZNE	eSg		10	29						
		F	22	20							
19. Aug.	Z	eP	04	15	34					(8100)	Nachstoß Yellowstone-Park, USA
I	Z	e		16	32						
	Z	e		20	23						
	Z	e(S)		24	45						
		M_1		43	00	24		6.5			
		M_2		45	00	20		4.5			
		M_3		48	30	17	1.5	3			
		F	05	20							
19. Aug.	Z	ePKP	17	32	25						
II	Z	e		32	55						
		F	17	34							
21. Aug.	NE	ePg	00	02	37					ca. 80	Sprengung?
I	NE	e		02	41						
	ZNE	e		02	43						
	N	e		02	45						
	NE	eSg		02	47						
	E	e		02	51						
	ZN	e		02	54						
		M		03	07	1.5	0.5	0.5			
		F	00	04							
21. Aug.	Z	e(F)	07	23	48						
II		F	07	24.5							
21. Aug.	ZE	ePKP	08	23	02					16300	h = ca. 300 km
III	Z	eiPKP		23	04						Herdgebiet nach USCGS: Indischer Ozean
	ZE	e		23	08						
	ZNE	e		23	23						

Datum	Komp.	Phase	MGZ h	m	s	Periode Ts	Amplitude μm A_N	A_E	A_Z	Δ km	Bemerkungen
noch											
21. Aug.	ZE	e		23	36						
III	Z	epPKP		25	18						
	ZE	ipPKP		25	20						
	ZN	e		25	27						
	ZN	e		25	47						
	Z	ePP		26	10						
	ZNE	e		26	30						
	Z	e		27	11						
	E	e		27	28						
	Z	e		39	12						
		F	im folgenden Beben								
21. Aug.	Z	ePKP	09	57	36						Nachstoß
IV	Z	e		57	42						
	Z	e		58	12						
	Z	e		58	24						
	Z	e	10	00	18						
	Z	e		01	36						
		F	10	30							
22. Aug.	Z	e	20	38	44						
I	Z	e		39	06						
		F	20	40							
22. Aug.	Z	e(P)	23	56	21						
II	Z	e		56	35						
		F	23	57							
23. Aug.	Z	e	03	21	17						
I		F	03	22							
23. Aug.	Z	ePKP	20	35	19						
II	Z	e		35	30						
	Z	e		35	43						
		F	20	37							
23. Aug.	ZNE	eP	22	25	48					(2000)	Herdgebiet nach BCIS: Mittelmeer
III	ZE	e		25	55						
	E	e		26	09						
	NE	e		26	21						
	NE	e		26	43						

Datum	Komp.	Phase	MGZ			Periode	Amplitude μm			Δ	Bemerkungen
			h	m	s	Ts	A_N	A_E	A_Z	km	
noch											
23. Aug.	Z	e		27	01						
III	E	e		27	07						
	E	e		27	46						
	E	e(S)		29	04						
	N	e(S)		29	12						
	E	e		29	18						
	ZN	e		29	33						
	E	e		29	41						
		M		32	30	12	8	7			
		F	23	00							
24. Aug.	Z	eP	12	40	51						
I	Z	e		41	16						
		F	12	42							
24. Aug.	Z	e	21	10	13						
III		F	21	11							
24. Aug.	ZE	ePKP	21	50	07					14700	Herdgebiet nach USCGS: Salomon-Inseln
III	ZE	e		50	19						
	Z	e		50	44						
	Z	e		51	04						
	Z	e		51	37						
	ZE	ePP		52	18						
	ZE	ePP		52	38						
	ZE	e		52	57						
	ZE	e(SKP)		53	30						
	E	e		54	13						
	ZNE	e		54	19						
	N	e		55	16						
	NE	e		57	30						
	N	e		58	20						
	N	e	22	05	48						
	NE	e(SS)		09	40						
		M_1		32	00	20	11	9			
		M_2		53	00	20	11				
		M_3		55	30	18	5	3.5	20		
		M_4	23	00	30	17	3	4.5	15		
		F	24	00							

Datum	Komp.	Phase	MGZ			Periode	Amplitude μm			Δ	Bemerkungen
			h	m	s	Ts	A_N	A_E	A_Z	km	
25. Aug.	E	e	07	30	(24)						Nach Prag:
I	ZNE	e		30	43						Sprengung
	NE	e		30	51						
		F	07	31.2							
25. Aug.	Z	e	09	10	40						
II	Z	e		10	52						
		F	09	11.2							
25. Aug.	Z	ePn	12	00	(42)					(1300)	Herdgebiet
III	ZE	e		01	48						nach BCIS:
	ZNE	e(Sn)		02	50						Albanien
	Z	e		03	25						
	E	e		03	40						
	ZNE	eSg		04	09						
	ZE	e		04	33						
		F	12	08							
26. Aug.	ZNE	eiP	08	38	13					9600	Herdgebiet
I	Z	i		38	17						nach USCGS:
	ZNE	ei		38	23						Vera Cruz,
	ZE	i		38	32						Mexico
	ZE	i		38	56						
	N	e		39	06						
	E	i		39	24						
	E	i		39	35						
	E	i		40	17						
	ZNE	eiPP		41	31						
	E	e		41	39						
	N	e		42	23						
	NE	eSKS		48	44						
	NE	eS		49	07						
	E	e(PS)		49	42						
	N	eSS		54	06						
		M_1	09	14	00	20	4.5	4.5			
		M_2		22	30	20	4.5	7			
		F	09	45							
26. Aug.	ZNE	eP	10	39	17					8200	Herdgebiet
II	Z	e		39	33						nach USCGS:
	N	e		39	56						Südlich der
	ZE	e		40	39						Königin-Charlotte-Inseln

Datum	Komp.	Phase	MGZ h	m	s	Periode Ts	Amplitude μm A_N	A_E	A_Z	Δ km	Bemerkungen
noch											
26. Aug.	Z	e		41	24						
II	Z	ePP		42	03						
	Z	e		43	16						
	Z	e		43	34						
	Z	e		44	30						
	NE	eS		48	41						
	NE	e(PS)		49	13						
	NE	e		50	11						
	N	e		51	20						
	E	e		52	07						
		M_1	11	10	30	24	10	5.5			
		M_2		13	00	18	7	5			
		M_3		16	00	15		4.5			
		F	11	30							
26. Aug.	Z	e	11	05	44						
III	Z	e		05	49						
	Z	e		06	42						
27. Aug.	E	e	12	50	33						Vermutlich mehrere Sprengungen
I	NE	e		50	37						
	ZE	ei		50	42						
	N	e		50	48						
	NE	i		50	58						
	N	i		51	00						
	E	i		51	05						
		F	12	52							
27. Aug.	ZNE	eP	24	04	10					7500	Herdgebiet nach USCGS: Nord-Burma
II	Z	e		04	13						
	NE	e		04	16						
	E	e		04	23						
	NE	e		04	29						
	E	e		04	51						
	E	e		04	58						
	ZE	e		05	09						
	ZE	ePP		06	46						
	E	e		07	16						
	Z	e		07	30						
		F	24	10							

Datum	Komp.	Phase	MGZ h	MGZ m	MGZ s	Periode Ts	Amplitude µm A_N	Amplitude µm A_E	Amplitude µm A_Z	Δ km	Bemerkungen
28. Aug.	Z	e(P)	02	08	48						
I	Z	e		09	05						
		F	02	10							
28. Aug.	ZE	eP	12	18	24						
II	ZE	e		18	27						
	Z	e		20	47						
		F	12	22							
28. Aug.	Z	e(PKP)	16	11	45						
III	Z	e		11	53						
		F	16	12.2							
29. Aug.	Z	eP	10	45	31						
I	Z	e(PP)		45	44						
	Z	e		46	06						
		F	10	47							
29. Aug.	ZNE	eP	17	12	43					6100	Herdgebiet nach USCGS: Baikal-See, UdSSR
II	ZNE	e		12	48						
	ZE	e		12	54						
	Z	e		13	14						
	E	e		13	21						
	ZE	e(PcP)		13	35						
	ZE	e		13	46						
	Z	ePP		14	57						
	ZE	e		15	40						
	ZNE	ePPP		16	06						
	Z	e		16	36						
	Z	e		17	03						
	Z	e		17	20						
	Z	e		18	49						
	N	e		20	14						
	ZNE	eS		20	26						
	ZE	ePS		20	40						
	N	e		20	48						
	N	e		21	27						
	NE	e		22	23						
	NE	e		23	21						
	ZNE	eSS		24	18						
	NE	e		24	40						
	Z	e		25	50						

Datum	Komp.	Phase	MGZ			Periode	Amplitude μm			Δ	Bemerkungen
			h	m	s	Ts	A_N	A_E	A_Z	km	
noch 29. Aug. II	ZNE	e		27	04						
	E	e		28	04						
	N	e		28	26						
	NE	eL		29	50						
		M_1		36	00	14	40				
		M_2		39	00	14	100	170	250		
		C				12-14					
		F	18	30							
30. Aug. I	ZNE	eP	03	29	14					2050	Herdgebiet nach BCIS: Mittelmeer
	ZE	e		29	21						
	ZNE	ePP		29	28						
	E	e		29	46						
	E	e		30	14						
	ZE	e		31	15						
	E	e		31	30						
	Z	e		31	40						
	N	e		31	49						
	Z	e		32	10						
	ZNE	eS		32	54						
	Z	eS		33	03						
	Z	e		34	05						
	N	e		35	19						
	Z	e		35	48						
		M_1		36	00	11	3				
		M_2		37	30	12		5			
		F	03	50							
30. Aug. II	Z	e(PKP)	19	08	25						
	Z	e		08	35						
		F	19	10							
30. Aug. III	Z	eP	23	04	58					4600	Herdgebiet nach USCGS: Afghanistan
	Z	e		05	11						
	Z	e		05	43						
	Z	e		06	04						
	Z	ePP		06	37						
	ZE	e		06	41						
	Z	e		06	52						
	Z	e(PPP)		07	12						
	E	e		07	25						

Datum	Komp.	Phase	MGZ h	MGZ m	MGZ s	Periode Ts	Amplitude μm A_N	A_E	A_Z	Δ km	Bemerkungen
noch											
30. Aug.	Z	e		07	45						
III	Z	e		08	27						
	Z	e		18	15						
	Z	e		19	12						
		M	24	12	30	14					
		F	24	30							
30. Aug.	Z	eP	23	46	13						
IV											
31. Aug.	Z	eP	09	17	51						
I	Z	e		18	31						
		F	09	19							
31. Aug.	Z	ePKP	13	44	42						
II	Z	e		45	26						
		F	13	46							
September											
1. Sept.	Z	e	01	11	45						
I	Z	e		12	04						
		F	01	13							
1. Sept.	Z	eP	07	34	19						
II	Z	e		34	39						
	Z	e		35	10						
		F	07	37							
1. Sept.	Z	eP	11	00	37					(7300)	Herdgebiet nach USCGS: Nord-Puerto-Rico
III	Z	e		00	49						
	Z	e		01	09						
	Z	e		02	23						
	Z	e(PP)		03	08						
		F	11	05							
1. Sept.	ZE	ePn	11	40	(25)					1250	Herdgebiet nach BCIS: Albanien
IV	ZNE	eiPn		40	28						
	ZE	i		40	39						
	ZN	ei		40	42						
	ZNE	ei		40	55						

Datum	Komp.	Phase	MGZ h	MGZ m	MGZ s	Periode Ts	Amplitude μm A_N	Amplitude μm A_E	Amplitude μm A_Z	Δ km	Bemerkungen
noch											
1. Sept.	ZE	i		41	12						
IV	NE	ei		41	17						
	ZNE	eiPg		41	35						
	N	ei		41	40						
	E	ei		41	47						
	ZE	i		42	10						
	NE	ei		42	31						
	NE	eiSn		42	52						
	E	ei		43	05						
	ZNE	ei		43	19						
	N	e		43	29						
	NE	ei		43	33						
	ZNE	ei		43	51						
	E	ei		44	05						
	ZN	eiSg		44	09						
	E	eiSg		44	15						
	NE	i		44	20						
		M		44	40	12	30	35			
		F	12	45							
2. Sept.	Z	e	08	14	22						
I		F	08	16							
2. Sept.	Z	e(P)	13	03	(43)						
II	Z	e		03	55						
		F	13	05							
3. Sept.	Z	e(PKP)	02	57	50						
I	Z	e		57	54						
	Z	e		58	03						
		F	02	59							
3. Sept.	Z	e(Pn)	04	04	(51)					1250	Herdgebiet nach BCIS: Albanien (Nachstoß)
II	Z	e		05	05						
	Z	ePg		05	46						
	Z	e		06	11						
	ZNE	e(Sn)		07	19						
	NE	e.		07	37						
	NE	e		07	49						
	ZE	e		08	06						
	NE	e		08	14						

Datum	Komp.	Phase	MGZ h	MGZ m	MGZ s	Periode Ts	Amplitude μm A_Z	Amplitude μm A_E	Amplitude μm A_N	Δ km	Bemerkungen
noch 3. Sept.	Z	e		08	21						
II	ZNE	eSg		08	28						
	ZNE	e		08	43						
		F	04	20							
3. Sept.	Z	eP	06	41	37					11800	Herdgebiet nach USCGS: Insel Celebes
III	Z	e		41	42						
	Z	ePKP		45	33						
	Z	ePP		46	01						
	Z	e		46	16						
	Z	e		48	42						
	Z	e		49	12						
	Z	e		50	14						
	Z	e		51	06						
	Z	e		51	48						
	Z	e(S)		53	18						
	Z	e		55	24						
	Z	e		58	09						
		F	im Streifenwechsel								
4. Sept.	ZE	iPg	08	38	00					ca.400	Herdgebiet nach BCIS: West-Baden, DBR, (48°23' N, 07°44' E)
I	ZE	i		38	12						
	Z	i		38	18						
	E	i		38	30						
	Z	i		38	43						
	ZE	iSg		38	48						
		F	08	42							
4. Sept.	Z	e(Pn)	11	01	(22)					(1250)	Herdgebiet nach BCIS: Albanien
II	Z	e		02	15						
	ZE	e		03	42						
	ZE	eSn		04	03						
	ZE	e		04	39						
	Z	e		04	49						
		F	11	10							
4. Sept.	Z	eP	18	36	50					(6700)	Herdgebiet nach BCIS: Atlantik
III	Z	e		37	07						
	Z	e		37	37						
	Z	e		38	08						
	Z	e(S)		45	04						
		F	18	47							

Datum	Komp.	Phase	MGZ			Periode	Amplitude μm			Δ	Bemerkungen
			h	m	s	Ts	A_N	A_E	A_Z	km	
5. Sept.	Z	ePKP	06	26	04					(11800)	Herdgebiet nach USCGS: Insel Halmahera
I	Z	e		26	22						
	Z	e(PP)		26	49						
	Z	e		28	52						
	Z	e		31	11						
	Z	e		32	09						
		F	im Streifenwechsel								
5. Sept.	Z	ePKP	23	23	41						
II	Z	e		23	43						
	Z	e		23	53						
	Z	e		26	31						
	Z	e		27	05						
		F	23	29							
6. Sept.	Z	e(P)	00	41	51						
I	Z	e		42	03						
		F	00	44							
6. Sept.	Z	e(PKP)	18	25	27						
II	Z	e		25	33						
		F	18	26							
7. Sept.	Z	e(P)	04	13	28						
I	Z	e		13	47						
		F	04	14							
7. Sept.	ZNE	eiPg	12	50	25					ca.40	Vermutlich Sprengung
II	ZNE	iSg		50	31						
		F	12	51							
8. Sept.	Z	e(P)	08	59	03						
I	Z	e		59	18						
	Z	e		59	32						
		F	09	01							
8. Sept.	ZE	eP	10	15	44						
II	Z	e		15	49						
	E	e		15	55						
	Z	e		16	13						
	E	e		16	17						
		F	10	17							

Datum	Komp.	Phase	MGZ h	m	s	Periode Ts	Amplitude µm A_N	A_E	A_Z	Δ km	Bemerkungen
8. Sept.	ZE	eP	19	31	30					(8500)	Herdgebiet nach USCGS: Hokkaido, Japan
III	ZE	e(pP)		31	52						
	E	e		32	11						
	E	e		32	16						
	Z	e(PP)		34	33						
		F	19	35							
9. Sept.	ZE	eP	02	01	35						
I	ZE	e		01	44						
	E	e		02	16						
		F	02	03							
9. Sept.	ZE	eP	05	52	32					4800	(h = ca. 200 km) Herdgebiet nach USCGS: Hindukusch
II	ZE	e		52	39						
	E	e		52	53						
	E	e		53	03						
	Z	epP		53	11						
	Z	e		54	10						
	E	ePP		54	17						
	E	e		55	19						
		F	05	56							
9. Sept.	E	e	14	08	14					(570)	Herdgebiet nach BCIS: Explosion an der Nordküste von Belgien
III	ZE	ePg		08	28						
	E	e		09	10						
	E	e		09	33						
	E	eSg		09	39						
		F	14	12							
10. Sept.	ZNE	eiPg	13	11	48					ca.40	Vermutlich Sprengung
I	ZNE	iSg		11	53						
		F	13	12.2							
10. Sept.	ZE	eP	14	04	27					(2800)	Herdgebiet nach BCIS: Ost-Türkei
II	ZE	e		04	37						
	E	e		04	51						
	ZE	e(PP)		05	13						
		F	14	07							
10. Sept.	Z	eP	23	08	26						
III	ZE	e		08	33						
		F	23	10							

Datum	Komp.	Phase	MGZ h	m	s	Periode Ts	Amplitude μm A_N	A_E	A_Z	Δ km	Bemerkungen
11. Sept.	NE	e	09	33	45						Vermutlich Sprengungen
I	ZE	e		33	52						
	ZNE	eiSg		34	02						
		F	09	34.5							
11. Sept.	E	e(Pg)	12	54	27						Vermutlich mehrere Sprengungen
II	E	e(Sg)		54	32						
	E	e		54	44						
	E	e		54	58						
	NE	ei(Pg)		55	10						
	ZNE	iSg		55	15						
		F	12	55.8							
12. Sept.	Z	e(PKP)	02	12	(52)					(13200)	Herdgebiet nach USCGS: Bismarck-See
I	ZE	e		14	07						
	Z	e		14	12						
	E	e		14	20						
	Z	ePP		14	24						
	Z	e		14	37						
	Z	e		14	57						
	Z	e(PPP)		16	03						
	Z	e		16	43						
	Z	e		17	12						
	Z	e		18	12						
	Z	eSKS		19	38						
	ZE	e(SKKS)		21	00						
	Z	e		22	08						
	Z	e		24	12						
	Z	e		25	15						
	Z	e		26	04						
	Z	e		27	36						
	Z	e		34	20						
		M_1	03	04	00	22	5.5				
		M_2		06	00	21	5	5			
		M_3		08	30	18		3.5			
		F	04	30							
12. Sept.	E	e	11	44	(42)						
II	E	e		45	51						
	Z	e		45	56						
	Z	e(PP)		46	05						
	Z	e		47	33						
		F	11	51							

Datum	Komp.	Phase	MGZ			Periode	Amplitude μm			Δ	Bemerkungen
			h	m	s	Ts	A_N	A_E	A_Z	km	
12. Sept.	Z	e	12	30	09						
III		F	12	31							
12. Sept.	ZNE	eP	21	27	52					4800	(h = ca. 200 km)
IV	ZE	epP		28	35						Herdgebiet nach USCGS: Hindukusch
	Z	e		28	56						
	NE	e		29	09						
	ZE	e(PP)		29	36						
	Z	e		30	10						
	NE	e(pPP)		30	16						
	ZN	e		30	45						
	Z	eS		34	07						
	Z	e		38	06						
		F	21	50							
13. Sept.	ZE	e(Sg)	03	08	14					(ca. 500)	Herdgebiet nach BCIS: Polen
I	E	e		08	21						
	Z	e		08	26						
	Z	e		08	34						
		F	03	09							
13. Sept.	ZE	eP	19	24	06						
II	ZE	e		24	12						
	E	e		24	27						
	E	e		25	26						
		F	19	27							
14. Sept.	Z	e	04	36	30						
I	ZE	e		36	39						
	Z	e		37	23						
		F	04	38							
14. Sept.	Z	ePKP	13	35	42					(16800)	Herdgebiet nach USCGS: Tonga-Inseln
II	Z	eiPKP		35	49						
	Z	e		35	59						
	NE	e		36	17						
	Z	e		36	35						
	Z	e		37	20						
	Z	e		38	09						
	Z	e		38	28						
	Z	e		38	50						
	Z	ePP		39	35						

Datum	Komp.	Phase	MGZ h	MGZ m	MGZ s	Periode Ts	Amplitude μm A_N	Amplitude μm A_E	Amplitude μm A_Z	Δ km	Bemerkungen
noch 14. Sept.	Z	e		40	02						
II		F	13	45							
14. Sept.	ZE	eiPKP$_1$	14	29	36					17300	Herdgebiet nach USCGS: Kermadec-Inseln
III	ZNE	iPKP$_1$		29	39						
	Z	i		29	45						
	Z	ei		30	03						
	ZNE	eiPKP$_2$		30	10						
	N	e		30	27						
	ZE	ei		30	33						
	NE	e		30	40						
	ZN	ei		31	27						
	Z	i		32	42						
	ZN	eiPP		33	27						
	ZE	ei		34	12						
	ZNE	e		34	18						
	ZNE	e		35	16						
	Z	e		35	56						
	Z	e		37	44						
	NE	e		38	04						
	E	e		39	50						
	ZNE	e(SKKS)		40	06						
	N	e		43	14						
	NE	e		44	12						
	ZE	e		46	16						
	Z	e		47	30						
	N	e		54	08						
	N	e		56	38						
	E	e		59	44						
	E	e	15	03	10						
	N	e		04	50						
	NE	eL		24	00						
		M$_1$		36	30	24	35	50	120		
		M$_2$		40	00	20	35	45	100		
		M$_3$		42	00	20	35	35	100		
		M$_4$		47	30	18	40				
		M$_5$		52	30	18	25	30	90		
		M$_6$		55	00	18	25	25	80		
		C				15-17					
		F	19.	30							

Datum	Komp.	Phase	MGZ			Periode	Amplitude μm			Δ	Bemerkungen
			h	m	s	Ts	A_N	A_E	A_Z	km	
14. Sept.	Z	e(PKP)	15	18	39						Nachstoß
IV	Z	e		18	49						
	Z	e		19	07						
14. Sept.	Z	ePKP	17	26	12					17300	Nachstoß
V	Z	e		26	22						
	ZE	e		26	40						
	E	e		26	46						
	Z	ePP		30	19						
	Z	e		30	36						
	E	e		30	42						
	Z	e		31	18						
	E	e		32	21						
	ZE	e		33	15						
14. Sept.	ZE	eP	17	34	23						
VI	E	e		34	36						
	E	e		34	52						
14. Sept.	ZE	ePKP	22	43	50						Nachstoß Kermadec-Inseln
VII	Z	e		44	03						
	ZE	e		44	23						
	Z	e		44	36						
	E	e		44	53						
	E	e		45	22						
	E	e		46	02						
	Z	e		47	12						
	ZE	e(PP)		47	56						
	ZE	e		56	09						
	Z	e		57	39						
		F	23	00							
15. Sept.	Z	$ePKP_1$	06	19	37						Weiterer Nachstoß Kermadec-Inseln
I	ZE	e		19	42						
	ZE	$ePKP_2$		20	12						
	E	e		20	35						
	Z	e		21	21						
	Z	e		23	12						
	ZN	ePP		23	34						
	ZN	e		23	54						

Datum	Komp.	Phase	MGZ h	MGZ m	MGZ s	Periode Ts	Amplitude μm A_N	A_E	A_Z	Δ km	Bemerkungen
noch											
15. Sept.	Z	e		24	39						
I	Z	e		25	43						
	Z	e		27	36						
		M_1	07	29	00	22	15	15	30		
		M_2		37	00	20	12	12			
		M_3		45	00	18	7	9	20		
		C				15-17					
		F	09	00							
15. Sept.	Z	ePKP	06	37	(27)						
II	Z	e		37	40						
	Z	e		38	11						
	Z	e		38	25						
15. Sept.	ZE	eiPKP	11	24	16					16600	h = ca. 600 km
III	ZNE	i		24	22						Herdgebiet nach USCGS: Fidschi-Inseln
	ZNE	i		24	29						
	E	i		24	50						
	N	e		25	12						
	E	e		26	21						
	ZE	epPKP		26	34						
	E	e		26	46						
	Z	e		27	07						
	Z	ePP		27	58						
	E	e		31	16						
	Z	e		37	07						
	Z	e		38	22						
	Z	e		39	54						
	Z	e		41	12						
		F	12	00							
15. Sept.	NE	e(Pg)	15	34	36					ca.50	Vermutlich Sprengung
IV	ZE	e		34	39						
	E	iSg		34	42						
	NE	ei		34	43						
		F	15	35.6							
16. Sept.	Z	ePKP	16	17	(00)						Weiterer Nachstoß Kermadec-Inseln
	Z	e		17	30						
	Z	e		17	48						
	Z	e		19	04						

Datum	Komp.	Phase	MGZ h	m	s	Periode Ts	Amplitude μm A_N	A_E	A_Z	Δ km	Bemerkungen
noch											
16. Sept.	Z	e(PP)		21	06						
	Z	e		23	09						
	Z	e		24	29						
	Z	e		26	30						
	Z	e		31	(27)						
		M		42	00	18					
		F	17	45							
17. Sept.	ZNE	i(Pg)	14	17	41					ca.40	Vermutlich
I	NE	i		17	43						Sprengung
	ZE	iSg		17	46						
	NE	i		17	47						
		F	14	18.2							
17. Sept.	Z	ePKP$_1$	14	56	08						Weiterer
II	Z	e		56	19						Nachstoß
	Z	e		56	39						Kermadec-
	Z	ePKP$_2$		56	51						Inseln
	Z	e		57	21						
	Z	e(PP)	15	00	00						
	Z	e		02	20						
	Z	e		07	06						
	Z	e		07	52						
	Z	e		13	45						
		M		30	30	18					
		F	16	45							
18. Sept.	ZE	eP	02	09	17						
I	E	e		10	20						
	E	e		14	50						
	E	e		15	07						
	Z	e		15	35						
		M		17	30	11					
		F	02	30							
48. Sept.	ZNE	i	14	00	25						Örtliche
II	ZNE	i		00	26						Sprengung
	NE	i		00	28						
		F	14	01							
19. Sept.	Z	eP	04	23	17						
	ZE	e		23	21						

Datum	Komp.	Phase	MGZ h	m	s	Periode Ts	Amplitude µm A_N	A_E	A_Z	Δ km	Bemerkungen
noch 19. Sept.	Z	e		23	29						
		F	04	24							
20. Sept. I	ZNE	e	06	59	52						Vermutlich Sprengung
	N	e		59	55						
	ZNE	ei	07	00	05						
		F	07	01							
20. Sept. II	ZE	e(Sn)	19	20	05					(420)	Herdgebiet nach BCIS: Tennen-gebirge, Österreich
	E	e		20	18						
	ZE	e		20	24						
	ZE	eSg		20	28						
		F	19	21							
21. Sept. I	Z	e(PKP)	02	27	30						
	Z	e		29	06						
	ZE	e		29	27						
		F	02	30							
21. Sept. II	Z	(P)	12	27	44						
	Z	e		28	15						
		F	12	29							
21. Sept. III	Z	e(P)	16	27	15						
	Z	e		27	24						
		F	16	28							
23. Sept.	Z	eP	22	35	30						
	Z	e		35	41						
		M	23	19	00	10					
		F	23	30							
24. Sept.	Z	eP	05	51	20					(4400)	Herdgebiet nach USCGS: Arktik
	Z	e		51	28						
	ZE	e		51	41						
	Z	ePP		52	39						
	Z	e(PPP)		53	01						
	ZE	e		53	19						
		F	05	55							

Datum	Komp.	Phase	MGZ h	MGZ m	MGZ s	Periode Ts	Amplitude µm A_N	Amplitude µm A_E	Amplitude µm A_Z	Δ km	Bemerkungen
25. Sept.	ZNE	eiP	02	49	25					9500	Herdgebiet nach USCGS: Ostküste von Formosa
	ZE	e		49	35						
	ZE	e		49	58						
	Z	e		50	04						
	E	e		50	13						
	E	e		50	42						
	E	e		50	48						
	Z	e		51	05						
	E	e		51	50						
	ZNE	ePP		52	46						
	ZE	e		53	02						
	Z	e(PPP)		54	36						
	NE	eS		59	48						
	NE	e		59	55						
	NE	e	03	00	09						
	E	e(PS)		00	30						
	Z	e		00	42						
	E	eSS		06	12						
	E	e		11	00						
	NE	eL		21	00						
		M_1		24	00	24		13			
		M_2		25	30	22	11				
		M_3		29	30	20	13	17			
		M_4		32	30	18	25	25	80		
		C				14-16					
		F	04	15							
26. Sept.	ZE	eP	08	33	05					8800	Herdgebiet nach USCGS: Küste von Oregon, USA
	ZE	e		33	10						
	ZE	e		33	37						
	E	e		33	47						
	ZE	e		34	16						
	Z	ePP		36	15						
	ZE	eS		42	44						
	NE	e		43	16						
	E	eL		54	00						
		M_1	09	07	00	24	6.5				
		M_2		11	30	18-16	3.5	4	15		
		M_3		14	00	16	2.5				
		F	09	20							
28. Sept.	ZE	eP	04	33	06						

Datum	Komp.	Phase	MGZ h	m	s	Periode Ts	Amplitude µm A_N	A_E	A_Z	Δ km	Bemerkungen
noch											
28. Sept.	ZE	e		33	17						
I	E	e		33	30						
	Z	e		34	24						
		F	04	35							
28. Sept.	Z	e(P)	10	20	(30)						
II	Z	e		20	45						
		F	10	21.5							
29. Sept.	Z	ePKP$_1$	15	51	55					(17500)	Herdgebiet nach USCGS: Kermadec-Inseln
	Z	ePKP$_2$		52	25						
	Z	e		52	50						
	Z	e		53	13						
	Z	e		54	10						
	Z	e		55	20						
	Z	ePP		55	58						
	Z	e		56	46						
	Z	e		57	18						
	Z	e		58	22						
	Z	e	16	00	14						
	Z	e		01	40						
	Z	e		03	03						
	Z	e		04	06						
	Z	e		05	54						
	Z	e		07	33						
	Z	e		10	54						
	Z	e		13	30						
	Z	e(SS)		15	54						
		M$_1$	17	14	00	18	3.5				
		M$_2$		19	30	18	3.5	1.7			
		M$_3$		27	30	16	1.5	1.4			
		F	17	40							
30. Sept.	Z	e(P)	03	42	46						
I	ZE	e		42	55						
		F	03	43.5							
30. Sept.		M	17	10	00	12					
II		F	17	15							
30. Sept.	ZE	ePKP	20	45	32					(15800)	Herdgebiet nach USCGS:
III	E	e		45	42						

Datum	Komp.	Phase	MGZ			Periode	Amplitude μm			Δ	Bemerkungen
			h	m	s	Ts	A_N	A_E	A_Z	km	
noch											
30. Sept.	Z	e		46	36						Neue
III	E	e		47	27						Hebriden
	Z	e		47	47						
	Z	e		48	16						
	Z	ePP		48	46						
	Z	e		49	21						
		F	20	51							
Oktober											
1. Okt.	Z	e	03	26	55						
I	Z	e		27	02						
	Z	e		27	26						
		F	03	28							
1. Okt.	Z	eP	04	41	34						
II	Z	e		42	05						
		M		48	30	9					
		F	04	55							
2. Okt.	ZNE	i	14	00	16						Örtliche
	NE	i		00	17						Sprengung
	ZNE	i		00	19						
		F	14	01							
3. Okt.	ZNE	ePg	03	05	21					ca.70	Vermutlich
I	E	e		05	28						Sprengung
	ZNE	eiSg		05	30						
	N	i		05	33						
		F	03	06.5							
3. Okt.	Z	eP	20	14	49						
II	Z	e		15	06						
		F	20	16							
5. Okt.	ZN	eP	18	35	34					4500	Herdgebiet
I	Z	e		36	05						nach USCGS:
	ZN	ePP		37	06						Arktik
	Z	e		38	12						
	Z	e		39	48						
	ZN	eS		41	28						

Datum	Komp.	Phase	MGZ h	m	s	Periode Ts	Amplitude μm A_N	A_E	A_Z	Δ km	Bemerkungen
noch											
5. Okt.	ZN	e		42	17						
I	ZN	e(SS)		44	40						
	ZN	e		46	06						
	Z	e		46	44						
	Z	e		47	27						
	NE	eL		49	00						
		M_1		58	30	8-12	(0.8)	0.7			
		M_2	19	03	30	10	1				
		M_3		05	00	10	1	0.5			
		F	20	15							
5. Okt.	ZNE	eiP	20	36	53					1300	Herdgebiet nach BCIS: Albanien
II	ZN	eiPP		37	05						
	ZN	ei		37	14						
	ZNE	ei		37	34						
	Z	ei		38	14						
	ZE	eS		39	06						
	N	e		39	13						
	ZE	eSS		39	31						
	ZNE	e		39	49						
	Z	e		40	04						
	E	e		40	33						
	ZNE	eL		40	40						
		M_1		41	30	(12)	3	4			
		M_2		43	30	8	2				
		F	21	00							
7. Okt.	ZN	eiP	08	33	24					1300	Herdgebiet nach BCIS: Albanien
I	ZN	e		33	30						
	ZNE	ei		33	41						
	Z	e		34	08						
	Z	e		34	24						
	Z	e		35	21						
	ZN	eS		35	30						
	ZNE	eSS		35	50						
	ZN	e		36	13						
	ZNE	ei		36	48						
		M_1		37	40	10-8	10	7	(4.5)		
		M_2		39	30	10	10	7			
		F	09	00							

Datum	Komp.	Phase	MGZ h	MGZ m	MGZ s	Periode Ts	Amplitude µm A_N	A_E	A_Z	Δ km	Bemerkungen
7. Okt.	Z	e	21	24	(43)						
II	Z	e		25	08						
	Z	e		25	40						
	Z	e		26	08						
		F	21	28							
8. Okt.	ZE	ePKP	00	23	04					(16000)	Herdgebiet nach USCGS: Neue Hebriden
I	Z	e		23	15						
	E	e		24	14						
	Z	e(PP)		26	17						
		F	00	28							
8. Okt.	ZE	eP	02	47	17						
II	Z	e		47	33						
	E	e		48	05						
		F	02	49							
8. Okt.	Z	e	07	24	(41)						
III	Z	e		25	14						
	Z	e		26	47						
	Z	e		27	25						
		F	07	30							
8. Okt.	Z	e(P)	11	06	40						
IV	Z	e		06	49						
	Z	e		07	23						
		F	11	08							
8. Okt.	ZNE	i	12	44	09						Örtliche Sprengung
V	NE	i		44	10						
	ZNE	i		44	12						
		F	12	45							
10. Okt.	ZE	e	16	16	(48)						
	E	e		17	27						
	ZE	e		17	33						
	Z	e		17	50						
	E	e		18	02						
		F	16	19							
11. Okt.	ZE	e(P)	09	45	48						
	ZE	e		46	08						

Datum	Komp.	Phase	MGZ h	MGZ m	MGZ s	Periode Ts	Amplitude µm A_N	Amplitude µm A_E	Amplitude µm A_Z	Δ km	Bemerkungen
noch 1. Okt.	E	e		46	16						
		F	09	47							
12. Okt. I	ZE	eP	03	34	37					(9500)	Herdgebiet nach USCGS: Küste von Sumatra
	Z	e		34	47						
	Z	e		35	03						
	Z	e		35	15						
	Z	e		37	39						
	Z	e(PP)		38	01						
	Z	e		38	35						
	NE	eS		45	02						
	NE	e		45	23						
		F	03	47							
12. Okt. II	ZNE	i	10	01	09						Örtliche Sprengung
	NE	i		01	10						
	ZNE	i		01	12						
		F	10	02							
15. Okt. I	ZNE	eP	06	29	30					11300	Herdgebiet nach USCGS: Celebes
	Z	e		29	55						
	Z	e		30	23						
	Z	e		30	51						
	Z	e		32	29						
	Z	e		32	47						
	Z	e		33	19						
	ZNE	ePP		33	43						
	E	e		33	53						
	Z	e		34	12						
	E	e		34	27						
	Z	e(PPP)		35	48						
	Z	e		36	45						
	ZN	e		37	14						
	E	eSKS		40	06						
	E	eS		41	12						
	ZNE	e(PS)		42	46						
	E	e		43	42						
	ZE	e		44	25						
	NE	eSS		47	48						
	N	e		49	17						
	N	eL	07	03							

Datum	Komp.	Phase	MGZ			Periode	Amplitude μm			Δ	Bemerkungen
			h	m	s	Ts	A_N	A_E	A_Z	km	
noch											
15. Okt.		M_1		13	00	20	10				
I		M_2		18	00	20	15				
		M_3		23	30	20	12	4.5	25		
		M_4		27	00	18		3.5	20		
		F	im Streifenwechsel								
15. Okt.	ZE	eP	07	52	27						
II	ZE	e		52	32						
	E	e		52	40						
	E	e		53	03						
		F	07	55							
16. Okt.	ZNE	ePg	14	58	52					(ca. 120)	Sprengung?
	ZNE	iSg		59	07						
	N	i		59	08						
		F	14	59.5							
17. Okt.	Z	e	02	44	50						
I	Z	e		45	17						
		F	02	46							
17. Okt.	ZNE	e(Pg)	12	49	21					ca.70	Vermutlich Sprengung
II	ZNE	e		49	24						
	NE	eiSg		49	30						
	ZNE	i		49	34						
		F	12	50							
18. Okt.	Z	e	09	44	24						
I		F	09	45							
18. Okt.	Z	e(P)	17	17	58						
II		F	17	18.5							
19. Okt.	Z	ePKP	02	32	52						
I	Z	e		32	58						
	Z	e		33	05						
		F	02	34							
19. Okt.	ZE	eP	02	58	50						
II	E	e		58	55						
	Z	e		59	06						

Datum	Komp.	Phase	MGZ h	MGZ m	MGZ s	Periode Ts	Amplitude µm A_N	A_E	A_Z	Δ km	Bemerkungen
noch											
19. Okt.	Z	e		59	11						
II	E	e		59	14						
	E	e		59	28						
	E	e		59	47						
		F	03	00							
19. Okt.	Z	$ePKP_1$	08	47	15					(17300)	Herdgebiet nach USCGS: Kermadec-Inseln
III	Z	$ePKP_2$		47	42						
	Z	e		50	34						
	Z	e(PP)		51	21						
	Z	e		51	40						
	Z	e		52	03						
		F	08	53							
19. Okt.	ZE	e(PKP)	14	11	27						
IV	ZE	e		11	35						
	Z	e		13	44						
		F	14	15							
19. Okt.	Z	ePKP	16	14	03					12300	Herdgebiet nach USCGS: Sandwich-Inseln
V	Z	e		14	12						
	Z	ePP		14	31						
	Z	e		14	39						
	Z	e		15	06						
	N	e		24	10						
	N	e(SS)		30	20						
		M_1		51	00	28	5				
		M_2		54	00	20	2.5				
		F	17	10							
19. Okt.	Z	e	16	25	07						
VI	Z	e		25	19						
	Z	e		25	33						
20. Okt.	Z	e	13	01	49						
I		F	13	02.5							
20. Okt.	Z	e(PKP)	21	41	01						
II		F	21	42							

Datum	Komp.	Phase	MGZ			Periode	Amplitude μm			Δ	Bemerkungen
			h	m	s	Ts	A_N	A_E	A_Z	km	
21. Okt.	ZNE	i	10	10	42						Örtliche Sprengung
	NE	i		10	43						
	ZNE	i		10	45						
		F	10	11.2							
22. Okt.	ZNE	e(Pg)	12	52	30						Vermutlich Sprengung
	ZNE	eSg		52	37						
	NE	i		52	43						
		F	12	53.2							
23. Okt.	ZE	eP	17	01	46						
	E	e		02	06						
		F	17	03							
24. Okt. I	E	e	13	12	15						Vermutlich Sprengungen
	ZNE	i		12	17						
	ZNE	i		12	21						
	E	i		12	24						
		F	13	13							
24. Okt. II	ZE	eP	23	48	16					4400	Herdgebiet nach USCGS: Kasachstan, UdSSR
	ZNE	e		48	20						
	Z	e		48	42						
	NE	e		49	18						
	E	e		49	39						
	E	e		49	46						
	ZNE	ePP		49	51						
	NE	e		50	07						
	NE	eS		54	26						
	E	e		54	47						
	ZNE	eSS		57	11						
	Z	e		58	36						
	ZE	e		59	07						
	N	e	24	00	15						
	E	e		00	32						
	E	e		01	07						
	N	e		01	43						
	N	e		02	32						
		M_1		05	30	16	3				
		M_2		08	30	16		2.5			
		M_3		09	30	12		3.5	20		
		F	24	25							

Datum	Komp.	Phase	MGZ h	m	s	Periode Ts	Amplitude μm A_N	A_E	A_Z	Δ km	Bemerkungen
25. Okt. I	NE	ePg	01	15	28					ca.80	Gebirgs-schlag in der Mans-felder Mulde
	E	e		15	32						
	ZNE	e		15	34						
	ZNE	iSg		15	37						
	NE	i		15	39						
		M		15	54	1.2	0.1	0.2			
		F	01	16.5							
25. Okt. II	ZE	eP	06	57	03					(3100)	Herdgebiet nach BCIS: Atlantik (nördl. Azoren)
	ZE	e		57	07						
	ZE	e		57	13						
	Z	e(PP)		57	41						
	E	e(PPP)		58	09						
	Z	e		58	14						
	E	e		58	36						
	E	e		59	39						
		F	07	01							
25. Okt. III	ZE	eP	16	03	09					(2600)	Herdgebiet nach BCIS: Östliche Türkei
	ZNE	e		03	13						
	Z	ePP		03	22						
	NE	e(PPP)		04	04						
	Z	e		04	10						
	NE	e		04	22						
	E	e		04	48						
	E	e		05	47						
		F	16	07							
26. Okt. I	NE	eP	07	47	31					9000	Herdgebiet nach USCGS: Hondo, Japan
	E	e		47	35						
	N	e		47	52						
	E	e		48	00						
	NE	e		48	41						
	E	e		49	12						
	E	e		49	21						
	E	e		49	50						
	NE	ePP		50	43						
	NE	eS		57	42						
	NE	ePS		58	23						
	NE	eL	08	18	00						
		M_1		23	30	15	8	13			
		M_2		32	30	12	8				

Datum	Komp.	Phase	MGZ h	m	s	Periode Ts	Amplitude μm A_N	A_E	A_Z	Δ km	Bemerkungen
noch 26. Okt.		M_3		34	00	12	8	7	25		
		C				10-12					
		F	09	00							
26. Okt.	Z	e(P)	10	40	29						
II	Z	e		41	39						
	Z	e		43	43						
		F	10	45							
26. Okt.	ZNE	i	12	08	36						Örtliche Sprengung
III	NE	i		08	38						
	ZE	i		08	40						
		F	12	09.1							
26. Okt.	ZNE	i	14	59	35						Örtliche Sprengung
IV	ZNE	i		59	41						
		F	15	00.5							
27. Okt.	ZNE	eiP	07	04	41					8600	h = ca. 100 km
	Z	i		04	44						Herdgebiet nach USCGS: Kurilen
	NE	e		04	53						
	ZN	epP		05	03						
	E	e		05	09						
	E	e		05	25						
	ZE	ePP		07	42						
	ZE	e(pPP)		08	03						
	ZE	e		08	22						
	Z	e(PPP)		09	39						
	Z	e		10	57						
	Z	e		11	30						
	NE	eS		14	20						
	NE	e(pS)		15	04						
	ZN	e(PS)		15	24						
	NE	eSS		19	26						
	N	e		24	00						
	NE	eL		30	00						
		M_1		42	00	20	50	9	50		
		M_2		45	00	18	20	9	40		
		F	08	00							
28. Okt.	ZNE	i	12	59	05						Örtliche Sprengung
	NE	i		59	06						

Datum	Komp.	Phase	MGZ h	MGZ m	MGZ s	Periode Ts	Amplitude μm A_N	Amplitude μm A_E	Amplitude μm A_Z	Δ km	Bemerkungen
noch 28. Okt.	ZNE	i		59	08						
		F	13	00							
29. Okt. I	Z	eP	10	47	18						
	Z	e		47	23						
		F	10	49							
29. Okt. II	Z	ePKP	14	39	48						
	Z	e		40	14						
	Z	e		40	17						
		F	geht ins nächste Beben über								
29. Okt. III	ZNE	eiP	14	41	01					8000	h = ca. 550 km Herdgebiet nach USCGS: Grenzgebiet China - Korea
	E	e		41	09						
	Z	e		42	13						
	ZNE	epP		42	54						
	ZE	e		43	12						
	Z	e		43	32						
	ZN	ePP		43	52						
	ZE	e		44	22						
	Z	e		44	42						
	NE	e(pPP)		45	37						
	Z	e		47	29						
	N	e		49	03						
	ZNE	eS		49	39						
	NE	e		50	05						
	NE	e		50	12						
	E	e		54	07						
		F	15	00							
30. Okt. I	ZE	eP	04	10	09					(6100)	Herdgebiet nach USCGS: Sibirien, UdSSR
	ZE	e		10	14						
	Z	e		10	21						
	E	e		10	53						
	Z	e		11	11						
	Z	e(PP)		12	(19)						
	E	e		16	(47)						
		F	04	18							
30. Okt. II	Z	e(PKP)	14	18	25						
	Z	e		18	33						

Datum	Komp.	Phase	MGZ			Periode	Amplitude µm			Δ	Bemerkungen
			h	m	s	Ts	A_N	A_E	A_Z	km	
noch											
30. Okt.	Z	e		18	43						
II	Z	e		19	08						
		F	14	22							
30. Okt.	Z	ePKP	21	56	15						
III	Z	e		56	18						
	Z	e(pPKP)		58	(32)						
		F	22	00							
31. Okt.	ZNE	eiPKP	04	46	01					16000	(h = ca. 450 km)
I	NE	iPKP		46	03						
	ZE	e		46	15						Herdgebiet
	ZNE	e		46	20						nach USCGS:
	Z	e		46	41						Fidschi-
	Z	epPKP		47	43						Inseln
	Z	e(PP)		49	09						
		F	04	51							
31. Okt.	Z	e	04	57	03						
II		F	04	58							
31. Okt.	Z	e	14	20	29						
III	Z	e		20	44						
		F	14	21.5							
November											
2. Nov.	Z	ePKP	20	22	25					13700	(h = ca. 60 km)
I	Z	e		22	28						
	Z	e		22	36						Herdgebiet
	Z	e(pPKP)		22	54						nach USCGS:
	Z	ePP		24	06						Neu-Bri-
	ZE	e		24	23						tannien
	E	e		24	39						
		F	20	26							
2. Nov	ZE	ePKP	22	13	04					(16800)	Herdgebiet
II	ZE	e		13	15						nach USCGS:
	E	e		13	25						Tonga-Inseln
	Z	e		13	43						
	E	e		13	55						

Datum	Komp.	Phase	MGZ h	MGZ m	MGZ s	Periode Ts	Amplitude μm A_N	Amplitude μm A_E	Amplitude μm A_Z	Δ km	Bemerkungen
noch											
2. Nov.	E	e		14	52						
II	Z	ePP		16	43						
	Z	e		16	55						
		F	22	18							
3. Nov.	Z	e(PKP)	09	24	(56)						
I	Z	e		25	12						
		F	09	27							
3. Nov.	Z	eP	09	54	11					11400	Herdgebiet nach USCGS: Süd-Java
II	Z	e		57	30						
	ZE	e(PKP)		57	42						
	Z	e		58	18						
	ZE	ePP		58	25						
	E	e		59	44						
	Z	e(PPP)	10	00	30						
	E	e		01	16						
	E	e		02	42						
		F	10	04							
3. Nov.	ZNE	i	11	04	23						Örtliche Sprengung
III	NE	i		04	25						
		F	11	05							
4. Nov.	Z	ePKP	19	27	13					(ca. 16000)	Herdgebiet nach USCGS: Loyalty-Inseln
I	Z	e		27	22						
	Z	e		28	21						
	Z	e(PP)		30	20						
		F	19	31							
4. Nov.	Z	ePKP	22	13	(35)						
II	Z	e		14	02						
		F	22	15							
5. Nov.	Z	ePKP	12	09	48					ca. 15000	h = ca 100 km Herdgebiet nach USCGS: Neue Hebriden
I	Z	e(pPKP)		10	30						
	Z	e		12	20						
	Z	ePP		12	29						
	Z	e		13	16						
		F	12	14							

Datum	Komp.	Phase	MGZ h	MGZ m	MGZ s	Periode Ts	Amplitude µm A_N	Amplitude µm A_E	Amplitude µm A_Z	Δ km	Bemerkungen
5. Nov. II	Z	e(P)	15	11	34						
		F	15	13							
6. Nov. I	Z	e	02	00	28						
		F	02	02							
6. Nov. II	E	eP	07	40	14					(1400)	Herdgebiet nach BCIS: Jugoslawien
	NE	e		41	04						
	ZE	e		41	33						
	E	e		41	55						
	E	e		42	16						
	NE	e(S)		42	33						
	E	e		42	45						
	ZE	e		42	54						
	E	e		43	23						
		F	08	00							
6. Nov. III	Z	ePKP	12	03	(00)						
	Z	e		03	05						
	E	e		03	08						
	ZE	e		03	16						
	Z	e		03	48						
	Z	e		03	57						
		F	12	05							
7. Nov. I	ZNE	eP	02	35	52					(ca. 1700)	Herdgebiet nach BCIS: Südwestlich von Algier, Algerien
	NE	e(PP)		36	12						
	E	e		36	19						
	E	e		37	14						
	Z	e		38	10						
	NE	e		38	19						
		M_1		42	00	14	4	3.5			
		M_2		44	00	10		2			
		F	02	50							
7. Nov. II	ZE	ei(Pg)	21	06	10					ca.40	Vermutlich Sprengung
	E	i(Sg)		06	15						
	ZE	i		06	18						
		F	21	07							
7. Nov. III	Z	ePKP	22	36	06					(16800)	Herdgebiet nach USCGS: Tonga-Inseln
	ZE	e		36	15						
	ZE	e		36	36						

Datum	Komp.	Phase	MGZ			Periode	Amplitude μm			Δ	Bemerkungen
			h	m	s	Ts	A_N	A_E	A_Z	km	
noch											
7. Nov.	Z	e		37	30						
III	Z	e(PP)		39	53						
	E	e		40	10						
		F	22	42							
8. Nov.	ZNE	eP	14	06	44					8300	Herdgebiet nach USCGS: Hokkaido, Japan
	Z	e		06	59						
	ZE	e		07	10						
	E	e		07	44						
	ZE	e		08	14						
	Z	ePP		09	43						
	Z	e		10	23						
	Z	e		11	20						
	E	e		11	40						
	Z	e		12	23						
	E	e		16	00						
	N	eS		16	24						
	E	e(PS)		17	00						
	NE	eL		34	00						
		M_1		39	00	16	15	20			
		M_2		40	30	12	8	10			
		M_3		45	30	12	5		9		
		F	15	15							
10. Nov.	ZE	eP	21	05	48						
	ZE	e		06	14						
		F	21	08							
12. Nov.	ZNE	i	12	56	53						Örtliche Sprengung
I	NE	i		56	54						
	ZNE	i		56	56						
		F	12	57.2							
12. Nov.	NE	e(Pg)	14	14	(24)					ca.40	Vermutlich Sprengung
II	ZE	e		14	27						
	ZNE	eSg		14	29						
	NE	i		14	34						
	NE	i		14	36						
		F	14	15							
13. Nov.	Z	ePKP	10	25	06						
		F	10	26							

Datum	Komp.	Phase	MGZ h	m	s	Periode Ts	Amplitude μm A_Z	A_N	A_E	Δ km	Bemerkungen
14. Nov.	ZNE	e(Pg)	12	53	52					ca.45	Vermutlich Sprengung
	ZE	iSg		53	58						
		F	12	54.3							
15. Nov. I	Z	eP	10	33	31					5000	Herdgebiet nach USCGS: Tadschikische SSR, UdSSR
	ZNE	eiP		33	32						
	NE	e		33	42						
	NE	e		33	52						
	E	e		34	51						
	Z	ePP		35	12						
	E	ePP		35	18						
	Z	e		35	23						
	E	e		35	48						
	Z	e		36	08						
	Z	e		37	05						
	E	e		39	20						
	E	eS		40	12						
	E	e(PS)		40	33						
	E	eSS		43	44						
		M_1		53	00	18					
		M_2		56	00	18					
		F	11	15							
15. Nov. II	ZNE	eiP	17	12	12					1620	Herdgebiet nach BCIS: Ionisches Meer
	NE	i		12	16						
	ZN	i		12	18						
	NE	i		12	28						
	E	i		12	56						
	E	i		13	13						
	ZNE	i		13	28						
	ZN	i(S)		14	48						
	NE	iS		15	06						
	NE	i		15	14						
	ZE	i		15	40						
	NE	iL		16	04						
		M_1		17	30	16	550	650	220		
		M_2		19	15	14-12	400	200	450		
		M_3		21	30	16	60		90		
		C				10-14					
		F	18	30							
16. Nov.	ZNE	eP	10	31	22					(6600)	Herdgebiet, nach USCGS:
	E	e		31	31						

Datum	Komp.	Phase	MGZ h	MGZ m	MGZ s	Periode Ts	Amplitude μm A_N	Amplitude μm A_E	Amplitude μm A_Z	Δ km	Bemerkungen
noch 16. Nov.	ZE	e		31	48						Mittel-Atlantik
	Z	e		32	26						
	Z	e		32	52						
	E	ePP		33	32						
	Z	ePP		33	49						
	Z	e		35	00						
		F	10	38							
17. Nov.	ZE	e(P)	02	44	36						
	Z	e		44	42						
	Z	e		44	55						
	E	e		45	08						
	Z	e		46	15						
	Z	e		47	24						
		F	02	49							
19. Nov. I	ZNE	e	03	20	32						Sprengung?
	E	e		20	40						
	NE	e		20	50						
	E	e		21	00						
		F	03	21.5							
19. Nov. II	ZE	ePKP	11	27	(21)					13400	h = ca. 100 km
	Z	epPKP		28	03						Herdgebiet nach USCGS: Nordküste von Neu-Guinea
	E	e		28	07						
	Z	e		28	17						
	ZE	e		28	28						
	Z	ePP		28	46						
	Z	e(pPP)		29	19						
	E	e		29	28						
	ZNE	e		29	34						
	Z	e		29	50						
	Z	e		30	45						
	Z	e		31	39						
	Z	e		32	15						
	N	eSS		45	12						
	E	e		46	16						
	N	e		49	20						
		M	12	11	00	24	20	10			
		F	12	30							

Datum	Komp.	Phase	MGZ			Periode	Amplitude µm			Δ	Bemerkungen
			h	m	s	Ts	A_N	A_E	A_Z	km	
19. Nov.	Z	e	11	40	53						
III	Z	e		41	12						
	Z	e		41	42						
19. Nov.	ZNE	eP	14	04	19					(1800)	Herdgebiet nach BCIS: Westküste der Türkei
IV	ZNE	e		04	39						
	NE	e(S)		07	(27)						
	E	e		07	40						
		M_1		10	30	12	2.5				
		M_2		11	20	10		1	6		
		M_3		12	12	10	3				
		F	14	20							
22. Nov.	Z	ePKP	16	46	47						
I	Z	e		47	09						
	Z	e		47	29						
		F	16	49							
22. Nov.	Z	ePKP	19	53	22					16700	h = ca. 550 km
II	ZNE	eiPKP		53	26						Herdgebiet nach USCGS: Fidschi-Inseln
	E	i		53	30						
	NE	e		53	46						
	Z	e		54	04						
	E	e		54	13						
	ZNE	epPKP		55	27						
	ZE	e		56	24						
	Z	ePP		57	00						
	NE	ePP		57	11						
		F	20	05							
22. Nov.	Z	e(PKP)	23	02	39						
III	Z	e		03	04						
		F	23	04							
23. Nov.	Z	ePKP	16	34	31						
	Z	e		34	52						
	Z	e		35	40						
		F	16	37							
24. Nov.	Z	eP	20	16	36						
I	Z	e		16	55						
		F	20	18							

Datum	Komp.	Phase	MGZ h	MGZ m	MGZ s	Periode Ts	Amplitude µm A_N	Amplitude µm A_E	Amplitude µm A_Z	Δ km	Bemerkungen
24. Nov. II	Z	ePKP	21	59	22						
		F	22	00							
25. Nov.	ZNE	e	22	08	32						Sprengung?
	ZNE	e		08	39						
	E	e		08	45						
	N	e		08	49						
		F	22	09.3							
26. Nov. I	ZE	eP	07	19	44					(10400)	Herdgebiet nach USCGS: Sumatra
	E	e		20	04						
	Z	e		20	15						
	Z	e		23	19						
	Z	e(PP)		23	26						
		F	07	25							
26. Nov. II	Z	e(PKP)	16	26	01						
	Z	e		26	21						
		F	16	28							
26. Nov. III	ZE	eP	23	22	49					10400	Herdgebiet nach USCGS: Sumatra
	Z	e		23	30						
	E	e		24	34						
	ZE	e		26	18						
	Z	ePP		26	33						
	Z	e		27	09						
	Z	e		27	17						
	NE	e		34	18						
	N	e		40	20						
		M_1	24	13	30	22-20	10	9			
		M_2		18	00	20	7.5				
		M_3		26	30	18		3.5			
		M_4		28	00	18	6		20		
		F	24	50							
27. Nov. I	ZNE	eP_I	00	26	01					1650	Herdgebiet nach BCIS: Griechenland
	E	e		26	12						
	E	e		26	28						2 Beben im Abstand von ca. 3 Min. 49 Sek.
	N	e		26	39						
	ZE	e		28	24						
	E	e(S)		28	49						
	NE	e		29	04						

Datum	Komp.	Phase	MGZ h	MGZ m	MGZ s	Periode Ts	Amplitude μm A_N	Amplitude μm A_E	Amplitude μm A_Z	Δ km	Bemerkungen
noch											
27. Nov.	Z	e		29	15						
I	N	e		29	26						
	N	e(P_{II})		29	50						
	NE	e		30	01						
	N	e		30	33						
		M_1		33	00	8-10	1.5	1			
		M_2		36	30	9-8	2	1			
		F	im vorhergehenden Beben								
27. Nov.	Z	e(PKP)	11	01	(28)						
II	Z	e		01	35						
	E	e		01	37						
		F	11	02							
27. Nov.	ZNE	i	12	01	53						Örtliche Sprengung
III	ZNE	i		01	54						
	NE	i		01	56						
		F	12	02.4							
27. Nov.	Z	e	13	05	41						
IV		F	13	06							
28. Nov.	Z	ePKP	03	05	28					(16000)	Herdgebiet nach USCGS: Fidschi-Inseln
I	Z	e		05	34						
	E	e		05	44						
	E	e		05	53						
	Z	e		06	42						
	Z	e		06	55						
	E	e		07	04						
	Z	e(PP)		08	06						
	Z	e		09	06						
		M_1	04	09	00	20	2.5	2.5			
		M_2		16	30	15	1.5	2.5			
		F	04	30							
28. Nov.	ZE	e(P)	03	33	05						
II	Z	e		33	13						
	Z	e		33	25						
28. Nov.	Z	ePKP	12	53	(28)					(11800)	Herdgebiet nach USCGS: Chile
III	Z	e(PP)		53	47						

Datum	Komp.	Phase	MGZ			Periode	Amplitude μm			Δ	Bemerkungen
			h	m	s	Ts	A_N	A_E	A_Z	km	
noch											
28. Nov.	Z	e		55	38						
III	Z	e		58	03						
	Z	e(SKS)	13	03	28						
		M_1		37	30	20	2.5	2.5			
		M_2		45	30	20-18	2.5	2			
		F	14	20							
28. Nov.	ZE	ePKP	22	58	38					(15300)	Herdgebiet nach USCGS: Neue Hebriden
IV	ZE	e	23	01	15						
	ZE	e(PP)		01	26						
	ZE	e		02	03						
	E	e		02	49						
		F	23	05							
29. Nov.	Z	ePKP	01	50	41						
I		F	01	51.5							
29. Nov.	Z	e	23	24	45						
II		F	23	26							
29. Nov.	Z	eP	23	53	54						
III	Z	e(PP)		54	13						
	Z	e		56	21						
		F	23	57							
30. Nov.	ZNE	eP	11	21	16					5000	Herdgebiet nach USCGS: Provinz Sinkiang, China
I	Z	e		21	26						
	ZE	e		21	32						
	Z	e		22	16						
	ZNE	ePP		23	03						
	Z	e		23	16						
	E	e(S)		27	39						
	Z	e		32	30						
		eL		35	(30)						
		M		38	00	6	5.5	3	4		
		F	11	50							
30. Nov.	Z	eP	15	29	43						
II	Z	e		29	48						
		F	15	31							

Datum	Komp.	Phase	MGZ h	m	s	Periode Ts	Amplitude μm A_N	A_E	A_Z	Δ km	Bemerkungen
Dezember											
1. Dez.	Z	eP	12	42	12					1550	Herdgebiet nach BCIS: Westküste von Griecheland
I	ZNE	ei(PP)		42	22						
	Z	e		42	28						
	Z	e		42	57						
	ZN	e		43	08						
	Z	e		43	37						
	Z	e		44	06						
	ZE	eS		44	47						
	N	e		45	08						
	Z	e		45	38						
	Z	e(L)		46	09						
		M_1		48	10	6		3			
		M_2		49	20	8	4				
		F	13	10							
1. Dez.	Z	eP	12	55	27						
II	Z	e		55	34						
1. Dez.	Z	e(PKP)	15	20	07						
III	Z	e		20	28						
		F	15	21							
2. Dez.	Z	eP	09	48	10					11500	Herdgebiet nach USCGS: Celebes
I	Z	e		48	50						
	ZE	e		51	27						
	Z	ePP		52	32						
	Z	e		52	45						
	Z	e		53	09						
	Z	e		53	40						
	Z	ePPP		54	26						
	Z	e		55	34						
	Z	e		56	24						
	Z	e	10	02	30						
	Z	e		08	45						
	Z	e		11	39						
	Z	e		14	26						
	Z	e		16	00						
		M		45	00	20	5	2.5			
		F	11	00							

Datum	Komp.	Phase	MGZ			Periode	Amplitude μm			Δ	Bemerkungen
			h	m	s	Ts	A_N	A_E	A_Z	km	
2. Dez.	ZNE	ePn	18	21	48					750	Herdgebiet nach BCIS: Jugoslawien
II	E	e		21	52						
	Z	e		22	16						
	Z	e(Pg)		22	32						
	ZNE	eSn		23	04						
	NE	e		23	19						
	ZNE	e		23	26						
	E	e		23	41						
	ZNE	eSg		23	44						
	N	iSg		23	51						
		M_1		24	00	1.7		2			
		M_2		24	08	1.5	1				
		F	18	30							
4. Dez.	Z	e(PKP)	09	42	48						
		F	09	43.5							
7. Dez.	E	e(PKP)	03	20	26						
	E	e		20	36						
		F	03	22							
8. Dez.	Z	e(P)	03	12	19						
I	Z	e		12	32						
		F	03	14							
8. Dez.	ZNE	i	14	09	43						Örtliche Sprengung
II	NE	i		09	44						
	ZNE	i		09	46						
		F	14	10.1							
9. Dez.	Z	ePKP	14	23	21						
	Z	e		23	29						
		F	14	24.5							
11. Dez.	Z	e(PKP)	01	58	44						
I	Z	e		59	07						
		F	02	00							
11. Dez.	Z	e	10	27	24						
II	Z	e		27	50						
		F	10	29							

Datum	Komp.	Phase	MGZ			Periode	Amplitude μm			Δ	Bemerkungen
			h	m	s	T s	A_N	A_E	A_Z	km	
13. Dez.	Z	eP	02	12	(45)						
I	Z	e		12	51						
	Z	e		15	12						
		F	02	16							
13. Dez.	Z	ePKP	17	55	51						
II	E	e		55	54						
	Z	e		56	01						
	E	e		56	05						
	E	e		56	11						
	Z	e		56	17						
	E	e		56	28						
	E	e		57	18						
	E	e		58	29						
		F	18	00							
14. Dez.	ZE	eP	18	12	17					11100	(h = ca. 200 km)
I	Z	e(pP)		13	01						Herdgebiet nach USCGS: Südküste von Mindanao, Philippinen
	Z	e		15	27						
	Z	e		15	46						
	ZE	ePP		16	24						
	Z	e		16	46						
	ZE	e		17	26						
	Z	e(PPP)		18	30						
	Z	e		20	41						
		F	18	21							
14. Dez.	ZNE	eP	22	12	47					8500	Herdgebiet nach USCGS: Aleuten
II	ZNE	e		12	51						
	ZE	e		12	56						
	NE	e		13	17						
	NE	eS		22	42						
	E	e		23	00						
		M		57	30	16	3	2.5			
		F	23	10							
14. Dez.	ZE	eP	23	37	03					12800	Herdgebiet nach USCGS: Sandwich-Inseln
III	ZE	ePKP		40	36						
	ZE	e		40	51						
	ZNE	e		41	31						
	ZNE	ePP		41	35						
	NE	e		42	02						

Datum	Komp.	Phase	MGZ h	m	s	Periode Ts	Amplitude μm A_E	A_N	A_Z	Δ km	Bemerkungen
noch 14. Dez.	E	e		43	31						
III	NE	e		43	39						
	E	e(PPP)		44	29						
	NE	e		45	05						
	NE	eSKS		47	25						
	Z	e		47	42						
	ZN	e		48	27						
	N	e		49	33						
	ZNE	e(PS)		51	20						
	Z	e		51	42						
	Z	e		52	27						
	NE	e		57	24						
	NE	eL	24	20	00						
		M_1		26	30	18	24	19	40		
		M_2		29	00	18	22		40		
		C				15-17					
		F	25	00							
15. Dez.	ZE	e(P)	10	55	54						
I	Z	e		57	35						
		F	10	59							
15. Dez.	ZNE	ePn	23	03	35					760	Herdgebiet nach BCIS: Etruskischer Apennin, Italien
II	NE	e		03	38						
	Z	e		03	45						
	NE	e		03	51						
	ZE	ePg		04	10						
	E	e		04	14						
	N	e		04	21						
	E	e		04	30						
	E	e		04	36						
	NE	eSn		04	48						
	ZNE	e		05	01						
	E	e		05	06						
	NE	eSg		05	24						
		F	23	12							
16. Dez.	Z	ePKP	17	04	28						
	Z	e		04	51						
		F	17	06							

Datum	Komp.	Phase	MGZ			Periode	Amplitude µm			Δ	Bemerkungen
			h	m	s	Ts	A_N	A_E	A_Z	km	
17. Dez.	ZE	eP	02	43	40						
I	E	e		43	52						
		F	02	45							
17. Dez.	E	e(P)	05	16	55						
II		F	05	18							
17. Dez.	ZNE	i	14	08	35						Örtliche Sprengung
III	NE	i		08	36						
	ZNE	i		08	38						
		F	14	09.1							
18. Dez.	ZNE	eiP	16	36	46					(8500)	Herdgebiet nach USCGS: Aleuten
I	ZNE	ei		36	54						
	E	e		37	03						
	NE	e		37	09						
	N	e(S)		46	12						
		F	16	(48)							
18. Dez.	E	e	18	32	06					(450)	Herdgebiet nach BCIS: Steiermark, Österreich
II	ZNE	eSg		32	08						
	E	ei		32	15						
		F	18	33							
20. Dez.	Z	ePKP	21	13	22						
	Z	e		13	28						
		F	21	14							
21. Dez.	Z	e(PKP)	10	40	31						
I	Z	e		40	39						
	Z	e		41	03						
		F	10	43							
21. Dez.	ZNE	eP	11	28	04					5400	Herdgebiet nach USCGS: Golf von Aden
II	Z	e		28	14						
	ZE	e		28	19						
	N	e		28	30						
	ZNE	e		28	45						
	N	e		29	03						
	ZE	ePP		30	02						
	E	e		30	21						
	ZE	e(PPP)		30	35						

Datum	Komp.	Phase	MGZ h	MGZ m	MGZ s	Periode Ts	Amplitude µm A_N	Amplitude µm A_E	Amplitude µm A_Z	Δ km	Bemerkungen
noch 21. Dez.	NE	eS		35	14						
II	ZE	ePS		35	30						
	N	e		35	38						
	E	e		36	15						
	NE	e		37	44						
	Z	e		38	12						
	NE	eSS		38	52						
	E	e		40	24						
	NE	eL		42	40						
		M_1		46	30	24		30			
		M_2		51	00	20		25			
		M_3		53	00	16	30	20	30		
		C				12-15					
		F	12	30							
22. Dez.	Z	eP	00	18	29						
I	Z	e		18	43						
	Z	e		19	45						
		F	00	20.5							
22. Dez.	ZNE	i	13	02	42						Örtliche Sprengung
II	NE	i		02	43						
	ZNE	i		02	45						
		F	13	03.2							
22. Dez.	ZE	e(P)	17	32	37						
III	E	e		32	47						
	Z	e		32	51						
	E	e		33	06						
	E	e		33	28						
		F	17	35							
23. Dez.	Z	e(P)	04	00	31						
I	Z	e		00	41						
		F	04	02							
23. Dez.	ZNE	eP	09	32	12					(1480)	(h = ca. 100 km)
II	ZN	e		32	20						Herdgebiet nach BCIS: Nordküste von Sizilien
	Z	e(pP)		32	36						
	N	e		32	39						
	E	e		32	51						

Datum	Komp.	Phase	MGZ			Periode	Amplitude μm			Δ	Bemerkungen
			h	m	s	Ts	A_N	A_E	A_Z	km	
noch											
23. Dez.	ZE	e		33	09						
II		F	im Streifenwechsel								
23. Dez.	Z	eP	21	43	(09)						
III	Z	e		43	33						
	Z	e		46	34						
		F	21	48							
24. Dez.	Z	eP	05	40	(33)						
I	Z	e		40	41						
		F	05	41							
24. Dez.	Z	e	08	19	(22)						
II	Z	e		19	30						
		F	08	20							
26. Dez.	ZE	eP	18	30	15						
I	E	e		30	38						
	Z	e		30	56						
	E	e		31	08						
		F	18	33							
26. Dez.	ZE	eP	22	14	09						
II	ZE	e		14	12						
	E	e		14	15						
	Z	e		14	28						
	E	e		14	42						
		F	22	18							
27. Dez.	ZE	eP	04	59	22						
I	Z	e		59	33						
	E	e		59	36						
	Z	e		59	39						
	E	e		59	52						
		F	05	01							
27. Dez.	ZE	eP	05	27	03					(2200)	Herdgebiet nach BCIS: Ostküste von Kreta
II	ZE	e		27	09						
	Z	e(PP)		27	25						
	ZE	e		27	48						
	Z	e		28	00						
		F	05	29							

Datum	Komp.	Phase	MGZ h	m	s	Periode Ts	Amplitude μm A_N	A_E	A_Z	Δ km	Bemerkungen
27. Dez. III	ZE	eP	07	03	10						
	Z	e		03	17						
	ZE	e		03	31						
	E	e		03	36						
	E	e		03	48						
		F	07	05							
27. Dez. IV	NE	eP	12	06	26						
	E	e		06	41						
	N	e		06	53						
	E	e		08	16						
		F	12	10							
27. Dez. V	NE	eP	16	04	14					7850	Herdgebiet nach USCGS: Kamtschatka
	NE	e		04	16						
	NE	e		04	24						
	N	e		04	45						
	N	e		05	23						
	NE	e(PP)		06	58						
	E	e		07	20						
	NE	eS		13	25						
	NE	e(PS)		14	10						
	N	e		16	00						
	NE	eSS		18	00						
	NE	eL		22	00						
		M_1		36	00	22-20	35	25	30		
		M_2		38	30	20-19	25	20	50		
		M_3		41	00	16-15	15	6	15		
		C				15-16					
		F	17	30							
28. Dez. I	NE	eP	07	32	11					8100	Herdgebiet nach USCGS: Ostküste von Kamtschatka
	N	e		32	21						
	E	e		32	27						
	N	e		32	54						
	N	e		33	53						
	N	e(PP)		35	10						
	N	e		35	18						
	N	e		35	42						
	E	e		36	20						
	N	e(PPP)		36	43						
	N	e		40	50						

Datum	Komp.	Phase	MGZ h	m	s	Periode Ts	Amplitude μm A_N	A_E	A_Z	Δ km	Bemerkungen
noch											
28. Dez.	NE	eS		41	44						
I	E	e		41	54						
	E	e(SS)		46	28						
	E	eL		58	00						
		M_1	08	03	00	24		30			
		M_2		05	30	18	10	9			
		M_3		11	00	16-15	6		15		
		F	09	00							
28. Dez.	ZNE	e(P)	13	16	07						
II	ZNE	e		16	18						
	E	e		16	50						
		F	13	22							
29. Dez.	ZE	$ePKP_1$	17	34	36						
I	Z	e		34	39						
	ZE	$ePKP_2$		34	47						
	Z	e		35	02						
	E	e		35	10						
		F	17	38							
29. Dez.	Z	e	20	51	(25)						
II	Z	e		51	46						
	Z	e(PP)		52	27						
		F	20	54							
30. Dez.	E	e(Pg)	09	54	50					ca.100	Mehrere Gebirgsschläge in der Gegend von Staßfurt (30. Dez. I bis 30. Dez. IV)
I	ZE	e		54	55						
	NE	eiSg		55	02						
	ZNE	ei		55	12						
		F	09	56.5							
30. Dez.	ZNE	ePg	10	01	04					ca.100	
II	NE	e		01	07						
	ZNE	eiSg		01	16						
	NE	ei		01	25						
		F	10	02.5							
30. Dez.	ZNE	ePg	10	04	15					ca.100	
III	E	e		04	22						
	ZNE	eiSg		04	28						

Datum	Komp.	Phase	MGZ h	MGZ m	MGZ s	Periode Ts	Amplitude µm A_N	Amplitude µm A_E	Amplitude µm A_Z	Δ km	Bemerkungen
noch											
30. Dez.	ZE	ei		04	38						
III		F	10	06							
30. Dez.	ZNE	ePg	10	20	39					ca.100	
IV	E	e		20	46						
	ZNE	eiSg		20	52						
	ZE	ei		21	01						
		F	10	22.5							
31. Dez.	ZE	eP	20	59	05						
	ZE	e		59	33						
		F	21	01							

Mikroseismische Bodenunruhe

Wiechert 1200 kg, NS, EW. Stärkere mikroseismische Unruhe während des Jahres 1959

Datum	00h				06h				12h				18h			
	K	T s	AN µm	AE µm	K	T s	AN µm	AE µm	K	T s	AN µm	AE µm	K	T s	AN µm	AE µm
JAN.																
1.	—	—	—	—	—	—	—	—	—	—	—	—	—	—	—	—
2.	—	—	—	—	3	5.5	0.2	—	1	6.0	0.7	0.4	2	5.5	0.4	0.2
3.	2	5.5	0.2	—	2	5.5	0.2	—	1	6.2	0.4	0.2	2	6.3	0.2	—
4.	2	6.3	0.2	—	2	6.7	0.2	—	2	6.8	0.4	—	2	6.8	0.4	—
5.	2	6.2	0.4	—	2	6.2	0.4	0.2	1	6.0	0.4	0.4	1	6.0	0.2	0.2
6.	2	6.0	0.2	—	1	5.5	0.2	—	1	6.0	0.4	0.2	1	6.2	0.4	0.4
7.	2	6.0	0.2	0.2	2	5.8	0.2	0.2	1	5.0	0.8	0.4	1	5.5	0.4	0.2
8.	1	5.5	0.2	0.2	1	5.0	0.2	—	2	6.2	0.2	—	2	5.7	0.2	—
9.	2	6.2	0.2	—	1	6.0	0.2	—	2	5.5	0.4	0.2	2	6.0	0.2	0.2
10.	2	6.0	0.2	—	2	5.8	0.2	—	—	—	—	—	—	—	—	—
11.	—	—	—	—	—	—	—	—	—	—	—	—	—	—	—	—
12.	—	—	—	—	—	—	—	—	1	6.3	0.4	0.4	1	6.5	0.4	0.2
13.	1	6.5	0.2	0.2	1	6.8	0.4	0.2	1	7.0	0.7	0.4	2	6.7	0.2	—
14.	—	—	—	—	—	—	—	—	2	5.8	0.2	—	—	—	—	—
15.	—	—	—	—	—	—	—	—	2	5.0	0.4	0.2	2	5.0	0.2	—
16.	2	5.2	0.2	—	2	5.0	0.2	—	1	5.2	0.4	0.2	2	5.8	0.2	—
17.	—	—	—	—	2	6.0	0.2	—	1	6.0	0.2	—	2	6.0	0.2	—
18.	—	—	—	—	2	6.2	0.2	0.2	1	6.0	0.2	0.2	1	6.0	0.2	0.2
19.	1	5.8	0.2	—	1	5.8	0.2	0.2	1	5.2	0.4	0.4	1	5.2	0.4	0.2
20.	1	5.3	0.4	0.2	1	5.3	0.2	0.2	1	5.5	0.8	0.2	1	5.2	0.4	0.2
21.	3	6.0	0.4	0.2	3	6.0	0.2	0.2	1	7.0	0.7	0.4	1	7.0	0.7	0.4
22.	1	6.5	0.4	0.2	2	5.5	0.4	0.2	1	5.5	0.4	0.4	1	5.5	0.4	0.2
23.	1	5.5	0.2	0.2	2	5.5	0.2	0.2	1	5.8	0.7	0.2	2	6.0	0.4	—
24.	2	6.0	0.2	—	2	6.0	0.2	—	2	6.0	0.2	0.2	2	5.8	0.2	—
25.	—	—	—	—	2	5.5	0.2	—	—	—	—	—	—	—	—	—
26.	—	—	—	—	—	—	—	—	2	6.3	0.2	—	2	6.0	0.2	—
27.	2	5.8	0.2	—	—	—	—	—	1	6.0	0.2	—	—	—	—	—
28.—31.	—	—	—	—	—	—	—	—	—	—	—	—	—	—	—	—
FEBR.																
1.	—	—	—	—	—	—	—	—	—	—	—	—	—	—	—	—
2.	—	—	—	—	2	6.0	0.2	—	1	6.0	0.4	0.2	1	5.5	0.2	—
3.	—	—	—	—	—	—	—	—	—	—	—	—	—	—	—	—
4.	2	5.8	0.2	—	1	6.0	0.4	—	1	7.3	0.4	0.2	1	7.0	0.4	0.2
5.	1	6.8	0.4	0.2	1	6.3	0.2	—	—	—	—	—	—	—	—	—

Datum	00h				06h				12h				18h			
	K	T	AN	AE	K	T	AN	AE	K	T	AN	AE	K	T	AN	AE
		s	µm	µm		s	µm	µm		s	µm	µm		s	µm	µm
6.—9.	—	—	—	—	—	—	—	—	—	—	—	—	—	—	—	—
10.	—	—	—	—	2	7.8	0.2	—	1	9.0	0.8	0.2	1	8.8	0.4	0.2
11.	1	8.0	0.2	—	1	7.8	0.2	—	2	8.2	0.2	0.2	2	7.8	0.2	0.2
12.—13.	—	—	—	—	—	—	—	—	—	—	—	—	—	—	—	—
14.	—	—	—	—	2	7.3	0.2	—	1	7.0	0.4	0.2	1	7.2	0.4	0.2
15.	1	7.0	0.4	0.2	1	7.3	0.4	0.2	1	6.8	0.4	0.2	1	6.8	0.4	—
16.	1	6.5	0.2	—	1	6.3	0.4	0.2	1	7.0	0.4	0.2	1	7.3	0.4	0.2
17.	2	7.5	0.4	0.2	2	6.5	0.4	—	1	7.0	0.7	0.4	1	7.2	0.4	0.2
18.	1	6.7	0.2	—	1	7.0	0.2	—	1	6.7	0.2	—	2	6.7	0.2	—
19.	2	7.5	0.2	—	2	7.5	0.2	—	1	7.0	0.4	—	1	7.2	0.7	0.2
20.	1	7.0	0.4	-	1	7.3	0.4	—	1	6.7	0.4	0.2	1	6.7	0.4	0.2
21.	1	6.5	0.2	0.2	1	7.0	0.4	0.2	1	7.3	0.4	0.2	1	6.7	0.2	—
22.—28.	—	—	—	—	—	—	—	—	—	—	—	—	—	—	—	—
MÄRZ																
1.—3.	—	—	—	—	—	—	—	—	—	—	—	—	—	—	—	—
4.	—	—	—	—	2	6.7	0.2	—	1	7.0	0.4	0.2	2	7.0	0.4	0.2
5.	2	7.0	0.4	—	2	7.5	0.4	0.2	1	7.8	0.4	0.4	1	7.5	1.1	0.9
6.	2	7.5	0.2	0.2	—	—	—	—	—	—	—	—	—	—	—	—
7.	—	—	—	—	—	—	—	—	—	—	—	—	—	—	—	—
8.	2	6.5	0.2	—	2	7.0	0.2	—	2	6.7	0.2	—	2	6.5	0.2	—
9.—17.	—	—	—	—	—	—	—	—	—	—	—	—	—	—	—	—
18.	—	—	—	—	—	—	—	—	1	5.7	0.4	0.2	1	6.0	0.2	0.2
19.	1	5.8	0.4	0.2	1	6.0	0.4	0.2	1	6.0	0.7	0.4	1	5.8	0.4	0.2
20.	1	6.0	0.2	—	—	—	—	—	—	—	—	—	—	—	—	—
21.—31.	—	—	—	—	—	—	—	—	—	—	—	—	—	—	—	—
APRIL																
1.—5.	—	—	—	—	—	—	—	—	—	—	—	—	—	—	—	—
6.	—	—	—	—	—	—	—	—	1	6.5	0.2	0.2	2	6.8	0.4	0.2
7.	2	6.8	0.4	—	2	6.5	0.4	—	1	6.5	0.4	—	2	6.5	0.2	—
8.—13.	—	—	—	—	—	—	—	—	—	—	—	—	—	—	—	—
14.	—	—	—	—	—	—	—	—	1	5.5	0.2	0.2	1	5.5	0.2	0.2
15.	1	5.5	0.4	0.2	1	5.5	0.4	0.2	1	6.0	0.2	0.2	1	6.2	0.4	—
16.	2	6.2	0.2	—	2	5.8	0.4	—	1	5.8	0.4	0.2	1	5.5	0.4	0.2
17.	2	5.5	0.2	—	2	5.5	0.2	—	—	—	—	—	—	—	—	—
18.—30.	—	—	—	—	—	—	—	—	—	—	—	—	—	—	—	—
MAI																
1.—31.	—	—	—	—	—	—	—	—	—	—	—	—	—	—	—	—

Datum	00h				06h				12h				18h			
	K	T s	AN µm	AE µm	K	T s	AN µm	AE µm	K	T s	AN µm	AE µm	K	T s	AN µm	AE µm
JUNI																
1.—30.	—	—	—	—	—	—	—	—	—	—	—	—	—	—	—	—
JULI																
1.—31.	—	—	—	—	—	—	—	—	—	—	—	—	—	—	—	—
AUG.																
1.—31.	—	—	—	—	—	—	—	—	—	—	—	—	—	—	—	—
SEPT.																
1.—30.	—	—	—	—	—	—	—	—	—	—	—	—	—	—	—	—
OKT.																
1.—16.	—	—	—	—	—	—	—	—	—	—	—	—	—	—	—	—
17.	—	—	—	—	—	—	—	—	1	4.3	0.2	0.2	1	4.5	0.2	0.4
18.	1	4.5	0.2	0.2	—	—	—	—	—	—	—	—	—	—	—	—
19.—22.	—	—	—	—	—	—	—	—	—	—	—	—	—	—	—	—
23.	1	7.5	—	0.2	1	7.5	—	0.3	1	7.2	0.2	0.3	1	7.2	0.2	0.3
24.	1	7.0	—	0.2	1	7.0	—	0.2	1	7.0	—	0.2	—	—	—	—
25.—26.	—	—	—	—	—	—	—	—	—	—	—	—	—	—	—	—
27.	—	—	—	—	2	6.0	—	0.2	1	6.0	0.2	0.3	1	6.0	0.2	0.2
28.	1	6.0	0.2	0.3	1	6.5	0.2	0.3	1	6.5	0.4	0.7	1	6.3	0.2	0.3
29.	1	6.0	0.2	0.3	1	6.0	0.2	0.3	1	6.0	0.2	0.3	1	6.0	0.2	0.3
30.	2	6.0	—	0.2	2	6.0	—	0.2	—	—	—	—	—	—	—	—
31.	—	—	—	—	—	—	—	—	—	—	—	—	—	—	—	—
NOV.																
1.—7.	—	—	—	—	—	—	—	—	—	—	—	—	—	—	—	—
8.	—	—	—	—	2	7.0	0.2	—	1	6.8	0.4	0.3	1	6.8	0.5	0.3
9.	1	6.8	0.7	0.3	1	7.0	0.9	0.6	1	7.0	0.7	0.3	1	7.0	0.7	0.3
10.	1	7.3	0.5	0.2	1	7.3	0.5	0.2	1	7.5	0.7	0.3	1	7.5	0.4	0.2
11.	2	7.5	0.4	—	1	7.3	0.4	0.2	1	7.0	0.4	0.2	2	6.7	0.4	—
12.	2	6.5	0.2	—	2	6.5	0.2	—	—	—	—	—	2	6.0	0.2	—
13.	2	6.0	0.2	—	2	5.8	0.4	0.2	2	6.0	0.4	0.2	2	5.8	0.4	0.2
14.	2	5.8	0.2	—	2	5.5	0.4	0.2	2	6.5	0.4	0.2	2	6.0	0.4	02.
15.	2	6.3	0.2	—	2	6.5	0.2	—	2	6.5	0.2	—	(Erdbeben)			
16.	—	—	—	—	—	—	—	—	—	—	—	—	—	—	—	—
17.	—	—	—	—	—	—	—	—	2	5.0	0.2	—	2	5.0	0.2	—
18.	—	—	—	—	—	—	—	—	2	6.0	0.2	—	2	6.0	0.2	—
19.	2	6.0	0.2	—	2	6.0	0.2	—	2	5.5	0.4	0.2	2	5.5	0.4	0.2
20.	1	5.5	0.5	0.4	1	5.5	0.7	0.4	1	5.5	0.4	0.4	1	5.5	0.4	0.2

Datum	00h K	00h T s	00h AN μm	00h AE μm	06h K	06h T s	06h AN μm	06h AE μm	12h K	12h T s	12h AN μm	12h AE μm	18h K	18h T s	18h AN μm	18h AE μm
21.	2	5.5	0.4	0.2	1	5.5	0.2	0.2	1	6.0	0.2	0.2	1	7.0	0.4	0.2
22.	1	6.7	0.2	—	—	—	—	—	—	—	—	—	—	—	—	—
23.	—	—	—	—	—	—	—	—	?	?	?	—	1	6.5	0.4	—
24.	1	6.2	0.4	0.2	1	5.8	0.4	0.2	1	6.0	?	0.2	1	6.0	0.4	0.2
25.	1	5.8	0.2	—	1	6.3	0.2	0.2	1	6.3	0.5	—	1	6.5	0.4	0.2
26.	1	6.0	0.2	0.2	—	—	—	—	1	6.0	0.2	—	1	6.0	0.2	—
27.	—	—	—	—	—	—	—	—	1	6.0	0.2	—	1	6.0	0.2	—
28.—29.	—	—	—	—	—	—	—	—	—	—	—	—	—	—	—	—
30.	2	7.5	0.2	—	1	7.5	0.4	0.2	1	8.0	?	0.2	1	8.0	0.5	0.3
DEZ.																
1.	1	7.5	0.4	0.2	1	7.5	0.4	0.2	1	7.0	0.5	0.3	1	7.0	0.4	0.2
2.	1	7.0	0.2	0.2	1	7.0	0.2	0.2	1	6.5	0.4	0.2	1	7.5	0.4	0.2
3.	1	7.5	0.7	0.3	1	7.5	0.7	0.3	1	7.5	?	0.6	1	7.5	0.7	0.3
4.	1	7.5	0.7	0.3	1	7.5	0.7	0.3	1	7.5	0.9	0.5	1	7.2	0.9	0.6
5.	1	7.2	0.4	0.3	1	7.5	0.4	0.2	1	7.5	0.5	0.3	1	7.5	0.4	0.4
6.	1	7.2	0.4	—	1	7.0	0.5	0.2	1	7.5	0.7	0.3	1	7.5	0.9	0.3
7.	1	7.0	0.9	0.5	1	7.0	1.0	0.8	1	6.5	1.2	0.8	1	7.5	1.1	0.5
8.	1	8.0	1.3	0.5	1	8.0	1.5	0.8	1	7.5	1.5	0.6	1	7.2	1.1	0.6
9.	1	7.2	0.9	0.5	1	6.7	0.7	0.3	?	?	?	?	1	5.0	0.7	0.4
10.	1	5.2	0.7	0.4	1	5.2	0.7	0.4	1	5.2	0.7	0.5	1	5.0	0.5	0.4
11.	1	5.0	0.4	0.2	1	4.8	0.4	0.2	1	4.8	0.2	—	1	5.0	0.2	—
12.—13.	—	—	—	—	—	—	—	—	—	—	—	—	—	—	—	—
14.	2	6.5	0.2	—	1	6.5	0.4	0.2	?	?	?	?	1	7.5	0.5	0.2
15.	1	7.5	0.4	0.2	1	7.3	0.4	0.2	1	7.5	0.7	0.3	1	7.5	0.5	0.3
16.	1	6.8	0.4	0.2	1	6.8	0.4	—	1	7.0	0.5	—	1	6.5	0.4	—
17.	1	6.5	0.2	0.2	1	6.5	0.5	0.3	1	6.5	1.0	0.7	1	6.8	1.4	1.0
18.	1	6.5	0.9	0.7	1	6.5	1.0	0.7	?	?	?	?	1	7.0	0.9	0.5
19.	1	6.8	0.7	0.3	1	6.3	0.5	0.3	1	6.0	0.7	0.3	1	6.0	0.5	0.2
20.	1	6.0	0.4	0.2	1	6.0	0.5	0.2	1	5.5	0.7	0.2	1	6.0	0.5	0.2
21.	1	6.0	0.5	0.2	1	6.0	0.5	0.2	(Erdbeben)				1	6.0	0.4	0.2
22.	1	6.0	0.4	—	1	6.0	0.4	—	1	5.5	0.4	0.2	1	5.7	0.4	0.2
23.	1	6.3	0.5	0.2	1	6.0	0.7	0.3	1	7.5	1.1	0.6	1	8.0	0.7	0.3
24.	1	8.0	0.7	0.3	1	7.5	0.9	0.3	1	8.0	0.7	0.3	1	8.0	0.7	0.3
25.	1	7.5	0.5	0.2	1	7.8	0.4	0.2	1	8.0	0.4	0.2	1	8.0	0.4	—
26.	1	7.5	0.2	—	1	7.5	0.4	0.2	1	7.0	0.9	0.3	1	7.0	0.7	0.5
27.	1	7.8	0.7	0.3	1	8.0	0.7	0.3	1	7.0	0.5	0.3	1	6.5	0.5	0.3
28.	1	6.7	0.4	0.3	1	7.0	0.5	0.3	1	6.0	0.7	0.3	1	6.0	0.4	0.2
29.	1	6.0	0.2	—	1	6.0	0.2	—	1	6.0	0.4	0.2	1	5.8	0.4	0.2
30.	1	5.5	0.4	0.2	2	5.5	0.4	0.2	1	6.0	0.7	0.3	1	6.3	0.4	0.2
31.	1	6.3	0.4	0.2	1	6.5	0.4	—	1	6.5	0.4	—	1	6.3	0.2	—

www.ingramcontent.com/pod-product-compliance
Lightning Source LLC
LaVergne TN
LVHW042245300926
849161LV00003B/478
* 9 7 8 3 1 1 2 7 5 6 7 6 8 *